萊特兄弟完成史上首次載人飛行

萊特兄弟因戮力鑽研及
踏實不懈而夙願得償！

在 美國經營自行車店的威爾伯
（Wilbur Wright，1867～1912）和
奧維爾（Orville Wright，1871～1948）
這對兄弟，在1894年的某天，看到雜
誌上刊登德國航空學家李林塔爾（Otto
Lilienthal，1848～1896）搭乘滑翔機在
天空飛翔的照片而深受吸引，於是便下定
決心要親手製造飛機。

兄弟倆在1900年造出第 1 架滑翔機
後，於翌年造了第 2 架，然而卻都無法
展現他們所期待的性能。萊特兄弟在決定
機翼形狀時參考先驅者留下的文獻，他們
重新檢視資料，製作稱為「風洞」（wind
tunnel）的實驗裝置，並親自重新測量機
翼產生的升力（lift force）和阻力（drag
force）。

經過兩人不斷努力，1902年完成的第
3 架滑翔機，終於展現出萬眾期待的飛行
能力。他們用第 3 架滑翔機反覆進行多達
1000次的飛行實驗，磨練自己的操作技
術。並在滑翔機上安裝自製的引擎和螺旋
槳（propeller），將其稱為「萊特飛行者
號」（Wright Flyer）。

1903年12月17日上午10點35分，萊特
兄弟終於完成人類首次的載人動力飛行。

**萊特兄弟選為飛行實驗地點
的小鷹鎮**

小鷹鎮位於美國東海岸的沙洲，是一
片時常吹颳穩定強風的沙地。鎮上有
一座名為屠魔崗（Kill Devil Hills）
的沙丘，萊特兄弟從1900至1903年
期間，利用此處的坡面一再進行滑翔
實驗。

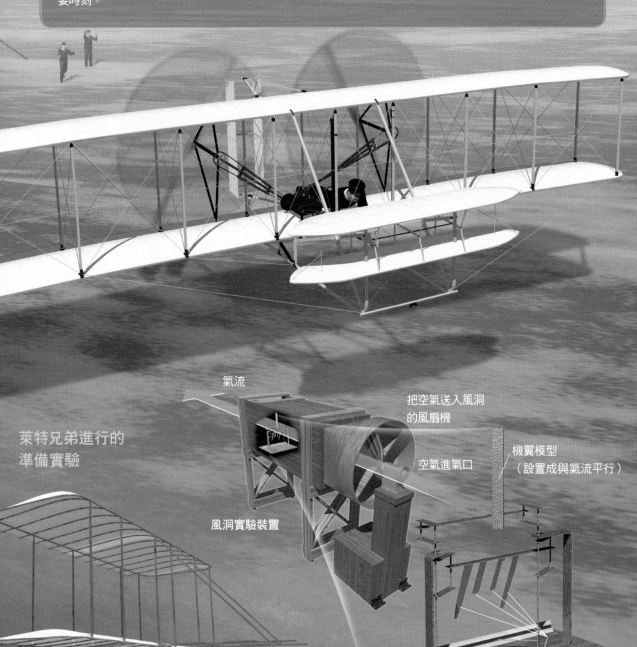

萊特飛行者號於12月14日嘗試首次飛行。然而飛行失敗，機體受損。經修復後於12月17日再度進行首航。往北滑行約11公尺後，機體終於輕盈浮起。雖然飛行距離僅36公尺，卻是人類首次載人動力飛行成功的重要時刻。

萊特兄弟進行的
準備實驗

氣流

把空氣送入風洞
的風扇機

機翼模型
（設置成與氣流平行）

空氣進氣口

風洞實驗裝置

平板
（設置成與氣流垂直）

測量機翼升力的天平

1900年的滑翔機模型
此為無人滑翔機，用繩索連接以風箏方式放飛。之後萊特兄弟於1901年及1902年分別造出第 2 架和第 3 架滑翔機（皆為載人滑翔機）。

自製的風洞實驗裝置
在麵粉箱上裝設以汽油引擎驅動的風扇機。內部設置自製的天平，並在此安裝小型機翼，測量因風產生的升力和阻力。

承載萊特兄弟夢想的「萊特飛行者號」

確立控制機體的機制！

萊特飛行者號

萊特兄弟於1903年開發打造的世界首架載人動力飛機。是一架由汽油引擎驅動的螺旋槳機。全長6.4公尺，機體高度2.8公尺，機體重量274公斤（操縱者不計）。機翼翼展全長12.3公尺。

螺旋槳
機體後方左右各安裝 1 個直徑2.4公尺的螺旋槳。兩螺旋槳互為反向旋轉，這是為了保持機體左右平衡的巧思。

油箱
（容量1.5公升）

散熱器
用水冷卻引擎

引擎

風速計

操控桿

托架

升降舵
由操控桿來控制升降舵的角度，使機體上升或是下降。

著陸滑橇

操縱席
將腰部伏抵在托架（作用有如搖籃）的部分，以俯趴姿勢操縱飛機。操控桿控制機體升降，並利用腰力左右滑動托架，令機體轉向。

取得專利的「翹曲機翼」

操縱席托架的動向經由鋼繩傳至主翼，主翼隨其扭轉，左右兩方的升力產生差異，機體便能轉向。

複翼結構的主翼

上下 2 片的主翼以木杆連結，形成高強度結構。主翼皆用輕木骨架以帆布貼製完成，並在其表面施以防水塗層加工。

螺旋槳軸

鏈條

方向舵

2 片方向舵（rudder）與翹曲機翼相互連動。若轉彎時只靠翹曲機翼，機體將會側滑，方向舵可防止此一情況發生。

萊特飛行者號是全世界首架搭載人類飛上天空的動力飛機。

不只機體，從引擎乃至螺旋槳，飛機的所有結構皆由萊特兄弟親手打造。萊特飛行者號蘊藏著兄弟兩人精心設計的各種巧思。

其中最優秀的一項發明，就是能使機體轉彎的「翹曲機翼」（warping wing）。他們透過鳥兒在天空中扭轉翅膀改變方向獲致靈感，思索找到藉扭轉具有彎度的機翼讓機體得以轉彎的機制。

在此之前的飛機開發過程中，皆朝重視穩定性的方向進行。導致機體對於人力操縱反應遲鈍。

萊特兄弟反而重視以飛行者本身意志自由操縱飛機。兩人將機體設計成不穩定的結構，試圖讓飛機對於人力操縱的反應更加靈敏。

「空中巴士A380」竟然重達560公噸！

探索飛機能在天空飛行的奧祕

擁有雙層客艙的史上最大客機「A380」，是由歐洲國際合資公司「空中巴士公司」（Airbus SE）所打造生產。

A380全長（從機首至機體後部）共72.72公尺，翼展（兩主翼端之間的寬幅）為79.75公尺。這個尺寸很容易讓人聯想起足球場（105公尺×68公尺）的大小。此外，從地面至垂直尾翼（vertical tail）頂端的高度為24.09公尺，相當於8層樓的建築物。包含機體、燃料再加上乘客及貨物的總重，最大可達560公噸。

如此沉重又龐大的金屬物體，為什麼能在空中飛行呢？本書第6～53頁，將介紹能令A380翱翔天空所具備的各種機制，並進一步探索飛機能在空中飛行的奧祕。

A380的基本資料

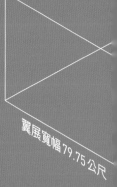

翼展寬幅79.75公尺

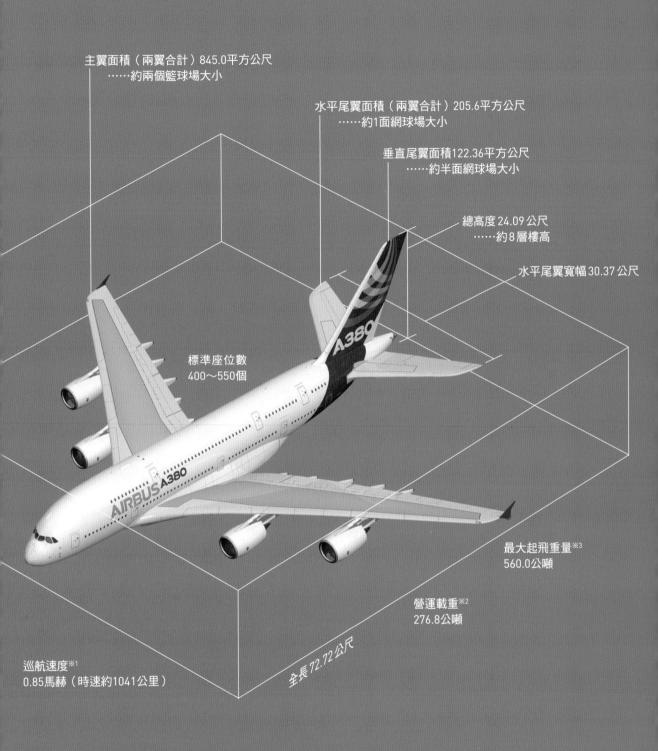

主翼面積（兩翼合計）845.0平方公尺
……約兩個籃球場大小

水平尾翼面積（兩翼合計）205.6平方公尺
……約1面網球場大小

垂直尾翼面積122.36平方公尺
……約半面網球場大小

總高度 24.09 公尺
……約8層樓高

水平尾翼寬幅30.37公尺

標準座位數
400～550個

最大起飛重量※3
560.0公噸

營運載重※2
276.8公噸

巡航速度※1
0.85馬赫（時速約1041公里）

全長72.72公尺

※1：最有效益的飛行速度
※2：除機體重量，還須加上機組人員及其手提行李、提供旅客的服務用品、餐點等項目之總重量
※3：能起飛的最大機體總重量

徹底解析
空中巴士A380
艙板面積為巨無霸客機的1.5倍！

首先來探看A380的內部構造（第8～13頁）！右圖的機體前半部為客艙，機體後半部則描繪出構成機身的金屬板。內部裝潢則依航空公司不同而有所差異，本圖所示為全日空公司（ANA，All Nippon Airways）的A380客艙座位配置。

A380的客艙為雙層設計，ANA的A380客艙中，上層前方有8個頭等艙座位，後方有56個商務艙座位，最後方有73個特級經濟艙座位，而下層則有383個經濟艙座位。較之傳統客機，客艙內非常安靜是其一大特色。

頗受旅客喜愛的美國波音公司之「波音747」，擁有「巨無霸客機」的暱稱，而A380的艙板面積竟是此架客機的1.5倍左右，A380也因此有「超級巨無霸」的稱號。

雷達罩
機體前端圓罩狀的部分稱作「雷達罩」（radome）。裡面安裝著雷達裝置，可掌握遠至前方600公里的氣象狀況，得以事先獲知雲的位置與大小，避開亂流，將機體搖晃程度減至最小（詳見第74頁）。

服務艙門

機體右側的機艙門。將下一趟飛行所需的餐點及銷售商品搬入機內時使用。此外也供作緊急逃生出口。下層有五個服務艙門，上層則有三個。

客艙

標準座位分為4個等級（頭等艙、商務艙、豪華經濟艙及經濟艙），總共有400～550個座位。圖為ANA的客艙配置。ANA的A380客艙中，經濟艙後段6排共60個座位為臥榻式座椅（ANA COUCHii），圖中未顯示。

天線

機體各處安裝著各式各樣的天線，例如可與地面塔台通話時所需的「通訊用天線」，或是接收GPS電波的「航行用天線」等。

頭等艙

駕駛艙

詳見第44頁。

1.7公尺

鼻輪

經濟艙

貨艙

3層結構的機體最底層為貨艙，圖示為堆積於其中的貨櫃。最大的貨物承載重量（最大酬載）約為91公噸，為客機中載重最大。

塗裝

塗裝並不只是單純地畫上公司標誌，還包含防止生鏽的重要作用。即使塗裝厚度僅薄薄的0.1毫米，整體用料也重達數公噸。在每隔4～5年要進行「D級維修」時，就會重新塗裝。

上方防撞燈

為了防止與其他飛機相撞的導航燈。起飛前飛機開始移動時便會亮燈，飛行中則不分晝夜一律亮著燈。

AIRBUS A380

機上廚房
調理及準備食物的地方。

經濟艙

渦輪扇引擎
A380配載 4 具渦輪扇引擎（詳見第14頁）。

機身

為雙層客艙和貨艙共計 3 層的構造。用新材料使機身的框架間隔比以往結構寬 2 倍，實現飛機輕量化（詳見第42頁）。

旅客艙門

機體左側的機艙門。機體前方的艙門可供乘客進出，後方的艙門則作為搬運行李及緊急逃生出口使用。下層共有五個旅客艙門，上層則有三個。

商務艙

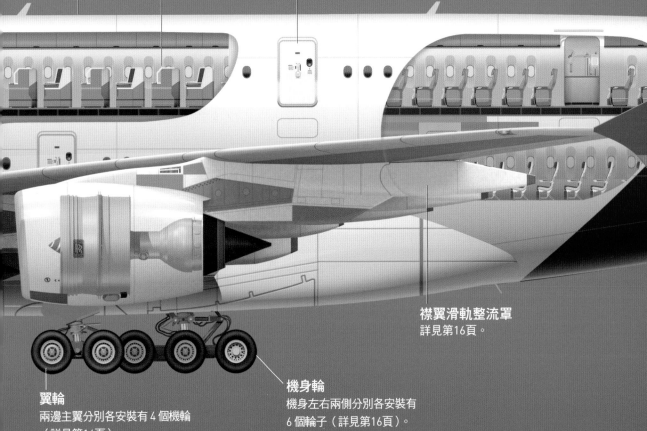

襟翼滑軌整流罩
詳見第16頁。

翼輪

兩邊主翼分別各安裝有 4 個機輪（詳見第16頁）。

機身輪

機身左右兩側分別各安裝有 6 個輪子（詳見第16頁）。

複合材料

對於體型龐大的A380來說，機體輕量化有其必要性。因此，A380的水平尾翼、垂直尾翼、上層客艙地板以及後方耐壓艙壁等部分，皆使用輕盈又強固的「碳纖強化塑膠」（CFRP）等複合材料。CFRP是用環氧樹脂（epo rexysin）將碳纖凝固而成，兼具輕量又強韌的特性（詳見第42頁）。

翼尖擋板（wingtip fence）

能減少因翼尖渦流產生的氣流阻力（詳見第19頁）。

豪華經濟艙座位

經濟艙

外流閥

引擎隨時將新鮮空氣送進客艙內。每分鐘的輸送量高達數十萬公升，約10分鐘便能使客艙內的空氣煥然一新。為了讓機內的空氣循環不息，需透過外流閥才能排出客艙內的濁氣。也藉由調節排氣量，進而達到調整機內氣壓的目的。外流閥會隨著機艙內外的氣壓變化而自動開關。

垂直尾翼
能提高飛機對於左右方向移動的穩定性。面積為122.36平方公尺。從地面至頂端高達24.09公尺，此高度相當於8層樓建築。

方向舵
令機首可左右轉向的舵（詳見第32頁）。

水平尾翼
提高上下方向運動的穩定性。面積為205.6平方公尺，寬度為30.37公尺。

輔助動力裝置（APU）
輔助引擎。在主翼的主引擎尚未啟動，飛機於地面上待機時便會運轉發電，控制機內的空調和照明（有時也會利用機場設備的地面電源控制）。此外，也提供啟動主引擎所需的動力。主引擎一旦開始運轉，APU就會停止。最大輸出功率超過1343千瓦，乃是世界最大級別的APU。

後方耐壓艙壁
客機在10公里的高度飛行，駕駛艙與客艙皆必須加壓（增壓），才不致於缺氧。將增壓的機身和後方尾部隔開的擋板，就是後部耐壓艙壁。

　　機內加壓時，飛機內外產生壓力差，機身結構材料就必須具有能夠承受此力的強度，耐受住朝外的膨脹力。而耐壓艙壁則須承受更大的壓力。正因為有耐壓艙壁，客艙才能維持加壓的狀態。而艙壁更後方的部分不需加壓，因此暴露在外部空氣中。

藉超長主翼以產生飛行動力

配載 4 具巨型渦輪扇引擎

接 著來仔細檢視A380的各項性能（第14～19頁）！

　從正前方觀察A380時，與機身相較，可以清楚發現主翼非常地長。藉由超長主翼所產生的「升力」（詳見第70頁），A380才能在空中飛行。

　左右兩邊主翼共配載了 4 具巨型渦輪扇引擎（turbo fan engine），每具引擎的重量約6.5公噸。能夠承受如此重量卻不致折翼，乃因主翼本身及其根部都是用輕盈強固的「鋁合金」所製成的。

　A380除了要接受「嚴寒測試」，在攝氏零下30度的酷寒天候中檢驗引擎性能之外，還要在沙漠地帶進行「炎熱測試」等，經過長達2500小時以上的測試飛行之後，終於在2007年打造完成。

右舷燈（綠）
為了在夜間也能掌握客機的行進方向而設置的燈。所有客機都會在左右主翼的翼端設置舷燈，分別是左側為紅燈，右側則為綠燈。因此，若前方有其他飛機時，機師能依照舷燈的顏色立即判斷該機是正在靠近或遠離。

主翼

能產生「升力」，使沉重且龐大的A380能在空中飛行的機翼。全長79.75公尺，但其厚度平均僅有 1 公尺。主翼面積左右兩邊合計共845.0平方公尺，約為波音747主翼面積的1.5倍。主翼幾乎都以鋁合金製成，內部設有油箱（詳見第22～25頁）。此外，藉由操縱副翼（aileron），飛機能進行轉向運動（變換方向，詳見第36頁）。

渦輪扇引擎

吸入大量空氣後以風扇加速噴出來獲得推力。吸入空氣的風扇直徑約 3 公尺，每秒以時速560公里的速度引進約 1 公噸的空氣。最大推力為34.5公噸重，燃燒溫度超過攝氏2000度。此外還兼具發電機功能，提供客艙內及操控系統所需的電力（詳見第38～41頁）。

　　A380配載「Trent 900」或「GP7000」其中一種引擎（圖示為Trent 900）。由正面來看，可發現Trent 900為順時針旋轉，GP7000則以逆時針方向旋轉。引擎中央的螺旋紋路，除可防止鳥擊（bird strike），亦能讓維修技師立即掌握引擎是否正在旋轉還是處於停止狀態。

起落架

起落架（landing gear）由輪胎、輪軸及減震器等組成。A380除了機體前方的鼻輪（2個）、機身的機身輪（共12個）之外，再加上位於主翼的翼輪（共8個），總共設置了22個機輪。

翼輪及機身輪的輪胎直徑為140公分，寬幅53公分。另一方面，鼻輪的輪胎較小，直徑127公分，寬幅45.5公分。藉由此巨型輪胎與減震器，可以吸收飛機落地時的衝擊（詳見第50頁）。

襟翼滑軌整流罩
（flap track fairing）

操控「襟翼」（詳見第28頁）的裝置。由於襟翼位於主翼後方並向外伸出，能產生更大的「升力」。此裝置內部設有推動襟翼的起重器，以及讓襟翼移動的滑軌。為了減少飛機在飛行中因此裝置所產生的空氣阻力，便利用防護罩予以包覆。

結冰偵測器
若引擎或機翼結冰，有發生故障或失速的危險。
因此利用此「結冰偵測器」（ice detector）來
檢測機體是否結冰。若探測到結冰，會自動加熱
機翼前緣，採取防止結冰等因應措施。

皮托管
測量飛行速度的裝置。空氣的壓力分為
靜壓（大氣壓）及動壓（因運動產生的
壓力）。皮托管（pitot tube）用來測
量這些壓力的總和（總壓），而位於皮
托管前方的「靜壓孔」則用來測量靜
壓。從這些數值可求得空速（相對於大
氣的飛行速度）。機首兩側各安裝兩
個，因此一架飛機共計有四個皮托管。

駕駛艙
正副機師操控飛機的座艙。基本上，一名機師
進行操縱，另一名機師負責與塔台進行無線通
訊。座艙前方設有8台最新的液晶螢幕，顯示
目前的位置、高度以及飛行路線等資訊（詳見
第44頁）。

落地燈
（landing light）
照亮跑道的白熾燈。

1.7公尺

翼輪
（4輪）

靜壓孔

機身輪
（6輪）

鼻輪
（2輪）

機身輪
（6輪）

翼輪
（4輪）

垂直尾翼

能提高橫向受風的穩定性。此外，藉由
驅動垂直尾翼的「方向舵」，可令機首
左右擺動（詳見第32頁）。

水平尾翼

能提高飛機俯仰運動的穩定性。此外，藉由
驅動水平尾翼的「升降舵」，可令機首俯仰
作動（詳見第34頁）。水平尾翼也和主翼相
同，內部設有油箱（詳見第22頁）。

翼尖擋板

飛行中，由於主翼的上下翼面有壓力差，因此會產生從下往上捲繞進來的旋渦氣流，稱為「翼尖渦流」（wing tip vortex）。翼尖渦流會增加空氣阻力，使飛機更耗油。為了防止此狀況，才在機翼的翼端形狀多加變化。

　　A380的主翼翼端安裝著稱為「翼尖擋板」的箭頭狀小裝置。透過此裝置，便能防止氣流由下翼面捲至上翼面形成渦流。僅僅只在機翼上設置翼尖擋板，便能提高約5％的燃油效率。

左舷燈（紅）

Coffee Break

A350撐起日本航空的未來

空中巴士公司製造的新型客機「A350XWB」系列，於2019年在日本國內開始營運。「A350XWB」分為「A350-900」及「A350-1000」兩種機型。「A350XWB」是從短程到超長程路線皆能飛行的客機。「A350-900」能航行的最長距離為 1 萬5000公里（日本到美國紐約之間的距離為 1 萬844公里），而「A350-1000」則能航行長達 1 萬6100公里的距離。

「A350XWB」凝聚了各種最尖端的技術。「A380」的機體約有25%是以「碳纖強化塑膠」（CFRP）製成，但「A350WXB」則高達53%。此外，「A350XWB」模仿鳥類翅膀的構造，是巨型客機史上首次採用此項新技術的機種。鳥類會隨著身體所承受的風或氣壓程度，調整翅膀的形狀或傾斜角度，將空氣阻力減至最小。而「A350XWB」藉機體上配載的感應器偵測到風，並配合風的強度適當驅動主翼後方的「襟翼」，減少空氣阻力。由於現今有許多客機都引進此項技術，因此在耗油量、二氧化碳排放量及營運成本（維修費、燃料費等）方面，皆比上一世代的客機成功削減了25%。

空中巴士公司所造的最新型客機「A350-900」身影。漆上日本航空（JAL）標誌的「A350-900」，已於2019年11月在羽田－福岡及羽田－札幌之間開展航運業務。

A350-900 規格一覽表

	（ ）內為 A350-1000		（ ）內為 A350-1000
全長	66.80m（73.79m）	最多座位數	440個（440個）
客艙長度	51.04m（58.03m）	3等級標準客艙[1]座位數	300～350個（350～410個）
機體寬度	5.96m（5.96m）	底層貨艙可容納的LD3[2]型貨櫃數	36個（44個）
最大客艙寬度	5.61m（5.61m）		
總寬度	64.75m（64.75m）	底層貨艙可容納的棧板數	11個（14個）
總高度	17.05m（17.08m）		
軌距（主起落架間的距離）	10.60m（10.73m）	吃水量（底層貨艙的容積）	223 m³（264 m³）
最遠軸距（前輪軸與後輪軸之間的距離）	28.66m（32.48m）		

※1：由經濟艙、商務艙及頭等艙3個等級之客艙座椅所組成的標準型客艙
※2：LD3為貨櫃的規格

飛機的燃料
儲存於何處？

燃料就存放在機翼之中

接 下來的內容，我們將
仔細探討A380能在
天空飛航的原因！

為了要讓飛機能在空中
航行，堅固的機翼是不可
或缺的。機翼內部由所謂
「翼梁」（spar）和「翼肋」（rib）
的隔間材縱橫交錯組成，再用細長骨
材「縱桁」加固以確保強度。

飛機機翼的結構呈箱型排列，猶如
飛機血液的「燃料」就儲存於此種類
型的機翼當中。而A380中的燃料，
不僅儲存在主翼內部（主油箱），也
收納於水平尾翼（配平油箱，trim
tank）當中。總容量達32萬5550公升
（相當26萬440公斤，燃料每公升以
0.8公斤計算）。

翼梁
機翼的主幹骨材。從
翼根延伸至翼尖。

翼肋
做出機翼流線型截面的骨材。
從機翼前緣延伸至後緣。

註：圖示未包含支撐外板
的骨材「縱桁」。

A380油箱的位置

油箱位於主翼和水平尾翼中，而在主翼內
部又細分隔成多個油箱（油箱的界線以黃
色虛線表示）。燃料透過油泵供給各具引
擎。在最大輸出功率時，1具引擎每秒所
消耗的燃料達6公升。

縫翼（slat）
詳見第29頁。

加油口
燃料透過主翼下方的加油口（fuel filler）補給。將燃料加壓，以「加壓式補給」的方式加油，約15～30分鐘就能完成。

油箱
主翼為了能承受翹曲和扭轉之力，結構與橋桁類似，分為多個小型空間。此構造恰巧適合用於設置油箱。

擾流板
詳見第50頁。

襟翼
詳見第28頁。

副翼
詳見第36頁。

配平油箱
位於水平尾翼內的油箱。配平油箱除了具有供給燃料的作用外，也運用於調整機體的重心位置。對飛機來說，重心位置的調節非常重要。

緩衝油箱（surge tank）
若燃料流量急遽變化，引擎內部燃料流劇烈振動，會導致引擎故障。緩衝油箱具有和緩燃料流量變化的作用。

通氣油箱
「vent」指的是通氣口。若持續消耗燃料，會造成油箱內的壓力下降，和機外氣壓產生差異，使油箱壁承受巨大的負荷。為避免此狀況發生，透過通氣油箱（vent tank）引進外部空氣，並分配至整個油箱，便能調節相對於機外氣壓的油箱內部壓力。

通氣／緩衝油箱（vent surge tank）
兼具緩衝油箱和通氣油箱的作用。

燃料存放於機翼的理由

與重心及「壓重」作用相關

會將燃料存放在主翼內,主要有兩大理由。

第一個理由是「重心」問題。機體的重心位於主翼附近。若不將燃料放置於主翼附近,則起飛時載滿大量燃料,而降落時燃料已所剩無幾,重心位置隨著燃料量的增減而大幅改變。如此一來,將會增加操控的困難。

第二個理由是因為「壓重」作用。在飛行中,主翼承受向上的升力(詳見第70頁)。這相當於整個機體的重

具有壓重作用的燃料

下圖顯示燃料存放在機體或是存放在機翼時,施加於主翼之力的差異。若燃料存放在機翼,則主翼根部因此減少的負荷量,相當於燃料產生的重力。主翼下方的引擎也有同樣的效用。

將燃料存放在機體時

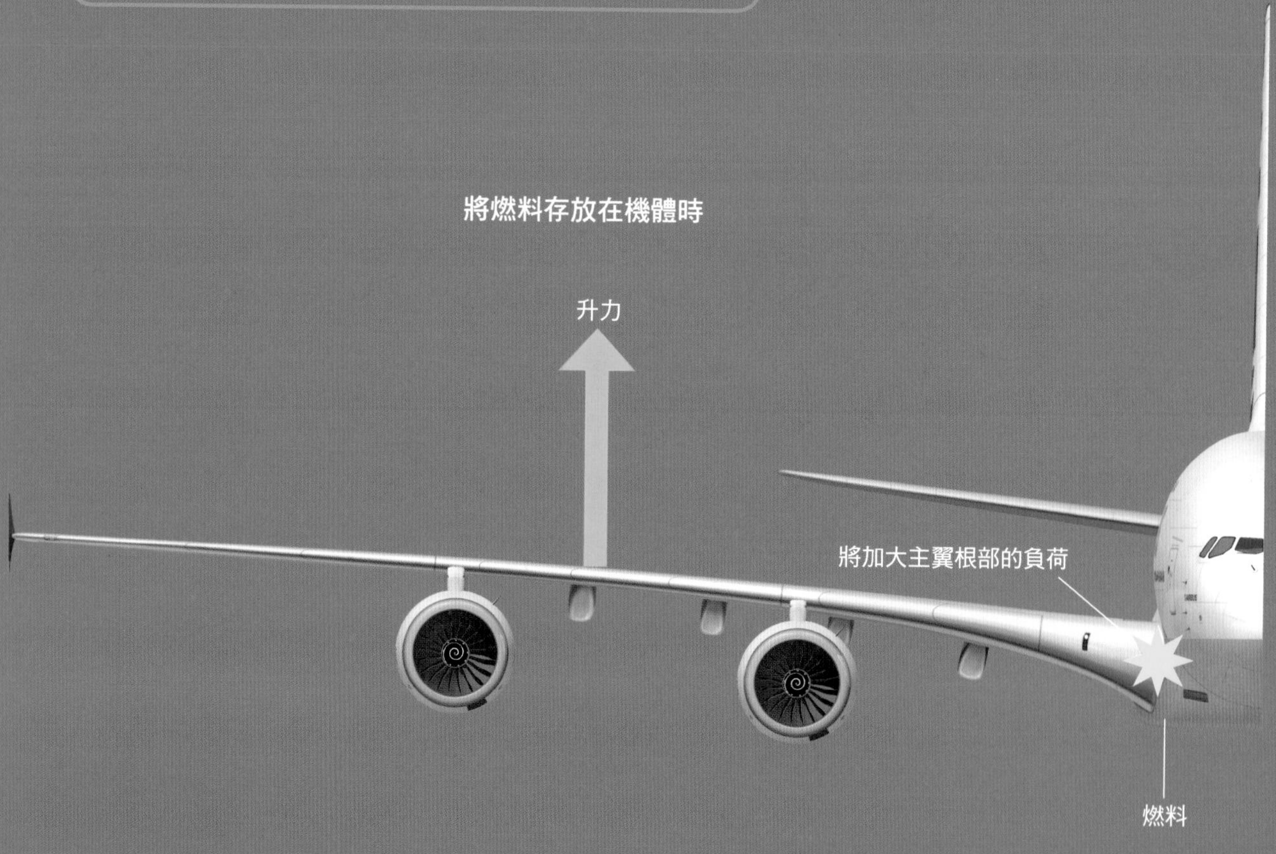

升力

將加大主翼根部的負荷

燃料

量，是相當巨大的力量。而A380的單邊機翼最大承受力達280公噸。另一方面，主翼也承受向下的重力。將燃料存放在機翼中，便可使作用於主翼根部的負荷少掉這些燃料的重量。

將燃料存放在機翼時

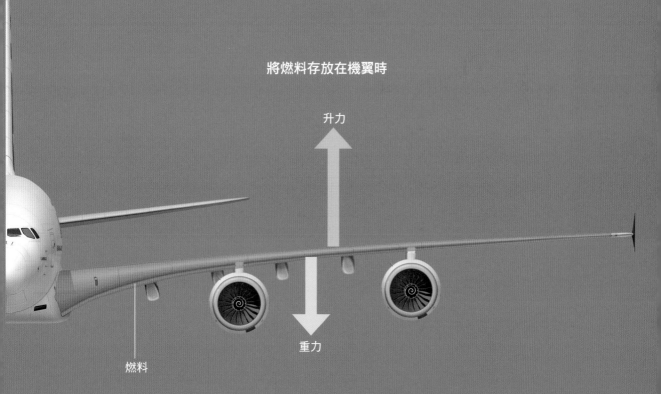

升力

重力

燃料

起飛時產生的「升力」

主翼提供向上的力
水平尾翼則產生向下的力

機頭上揚

飛機能利用氣流飛行的祕密，就在於機身兩側的「機翼」。

機翼藉由承受來自前方的風，能有效地產生抬升機翼的力。這個與飛行方向垂直的力，我們稱為「升力」（詳見第70頁）。飛機就是運用空氣（流體）所具有的此項性質，使得機身浮升起來。

飛機的主翼會產生向上的升力。然而只靠此力，並不足以讓飛機往上浮升。要令飛機上升，就必須讓機頭抬起。起飛時，需大幅增加水平尾翼（horizontal tail）產生的向下升力。如此一來，機體尾部受力往下壓，機頭就能抬高。結果，主翼與地面的夾角改變，產生更大的升力，飛機就能飛起來了。

起飛時機翼所產生的升力

起飛時為了增加水平尾翼向下的升力,必須將機體尾部往下壓。其結果會使機頭往上抬高,主翼產生更大的升力,飛機得以騰空而起。

主翼的升力(向上)

機體尾部下壓

水平尾翼的升力(向下)

飛機能平順起飛的機制

驅動主翼和水平尾翼的後緣

飛機是如何藉由變換升力而起飛的呢？讓我們繼續探討機翼的作用，並仔細地觀察！

飛機速度越大，或機翼面積越大時，升力也會隨之加大。因此，若想增加升力，就必須利用位於主翼後緣能前後移動的「襟翼」。將襟翼往後伸展，可使主翼面積變大，獲得的升力也因此增大。此外，透過機翼後端的襟翼向下彎折，氣流方向轉而朝下，亦具有增加升力的作用。

若要抬高機頭，就需要利用水平尾翼後緣可上下擺動的「升降舵」（elevator）。藉升降舵往上擺，改變氣流角度，便能使水平尾翼產生的向下升力增大。

如以上所述，飛機利用主翼的襟翼以及水平尾翼的升降舵來改變升力，即能往遼闊的天空展翅高飛。

主翼及水平尾翼所產生的升力

圖示為A380從加速到起飛的過程（1～3）。A380準備起飛時，會先在長約3公里的跑道上滑行，並加速至時速約300公里。然後藉由水平尾翼的升降舵往上擺使機頭上仰，便能順勢升空。

1. 飛機緩緩地加速。一旦超過所謂的「起飛決定速度」（take-off decision speed，V_1），即使之後部分引擎停止運轉，也會持續加速升空。因為就算想煞車停下來，飛機仍會衝出跑道，V_1是依據跑道長度和飛機總重量而定，一般來說約為時速260公里。另外，此時襟翼（參考本文）已經降下。

2. 飛機持續提高速度，一旦達到「抬頭速度」（rotation speed，V_R），機師會將水平尾翼的「升降舵」朝上擺。水平尾翼所產生的向下升力增加，機頭因而抬高，前輪（鼻輪）便會跟著離地。V_R一般約為時速300公里。

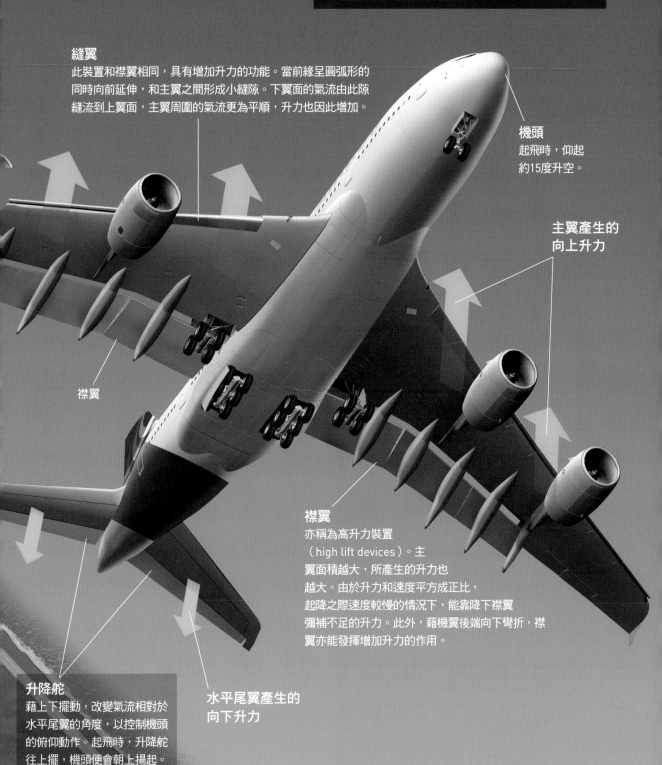

3. 機頭朝上仰起，空氣迎向主翼的角度（攻角，attack angle）將會變大。攻角越大升力也越大，飛機便能浮升飛上天空（詳見第72頁）。

縫翼
此裝置和襟翼相同，具有增加升力的功能。當前緣呈圓弧形的同時向前延伸，和主翼之間形成小縫隙。下翼面的氣流由此隙縫流到上翼面，主翼周圍的氣流更為平順，升力也因此增加。

機頭
起飛時，仰起約15度升空。

主翼產生的向上升力

襟翼

襟翼
亦稱為高升力裝置（high lift devices）。主翼面積越大，所產生的升力也越大。由於升力和速度平方成正比，起降之際速度較慢的情況下，能靠降下襟翼彌補不足的升力。此外，藉機翼後端向下彎折，襟翼亦能發揮增加升力的作用。

升降舵
藉上下擺動，改變氣流相對於水平尾翼的角度，以控制機頭的俯仰動作。起飛時，升降舵往上擺，機頭便會朝上揚起。

水平尾翼產生的向下升力

能夠應對突發性陣風的祕密

垂直尾翼和水平尾翼令飛行穩定

飛機起飛後，如何駕駛並控制飛行姿勢而航向目的地呢？第30～37頁將引領讀者一探穩定飛行的機制。

　　飛機就算遭到突發性的陣風吹襲，也能立即恢復穩定的飛行姿勢。這必須歸功於垂直尾翼和水平尾翼。

　　假設飛機遇到突如其來的陣風，機頭往左偏轉，機體因而變成右側受風（1）。氣流迎向垂直尾翼的角度改變，因此垂直尾翼產生由右往左的升力（2）。機體尾部由於這個升力而向左偏轉，機頭便反向朝右擺（3）。如上所述，多虧垂直尾翼的存在，機頭便能自然地擺回至原來的方向。

　　飛機除了藉垂直尾翼穩定機頭左右擺動的情況之外，也藉由水平尾翼維持機頭上下俯仰的穩定。

利用垂直尾翼操控飛行姿勢

飛機利用垂直尾翼操控飛行姿勢的機制如右圖所示。機頭即使因突發陣風而偏轉，飛機亦會自然產生回到原來方向的力。就如同風標始終處於迎風狀態，故此機制又稱為「風標穩定性」（weathercock stability）。

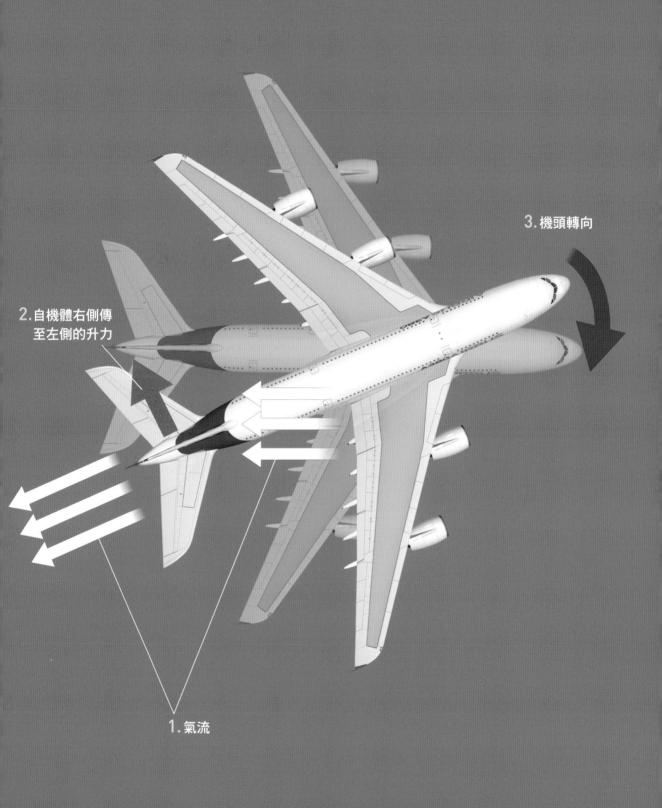

3. 機頭轉向

2. 自機體右側傳
   至左側的升力

1. 氣流

令機頭左右轉向的方法

使垂直尾翼的「方向舵」左右擺動

垂直尾翼和水平尾翼的作用不僅能使機頭穩定不搖擺。在機師欲改變飛行方向時，亦扮演著重要的角色。

飛機上設置了三種改變方向的「舵」，分別是垂直尾翼的「方向舵」、水平尾翼的「升降舵」，以及主翼上的「副翼」。透過這三種舵的操作，可控制機體左右方向的偏轉（偏航，yawing）、上下方向的起伏（俯仰，pitching）以及水平方向的翻轉

功能絕妙的小機翼

飛機改變方向時，須利用水平尾翼的「升降舵」、垂直尾翼的「方向舵」以及主翼的「副翼」。此三項裝置稱為「可動翼面」（moving surface）。飛機能透過其相對尺寸非常微小的可動翼面來改變方向，其中訣竅在於可動翼面與機體重心的距離。此重心位於機身中央附近。由於每個可動翼面和重心位置距離遙遠，即使產生的力很微弱，藉由槓桿原理仍足以引起轉動整座機體的強大旋轉力。

方向舵
控制機體左右方向的偏轉（偏航）。若移動方向舵，氣流相對於垂直尾翼的角度跟著改變，便會使機頭左右變換方向。

滾轉
（橫向滾動）

升降舵

俯仰
（縱向起伏）

副翼

偏航
（斜向偏轉）

（滾轉，rolling），進而改變方向。

　　要讓機頭左右轉向時，則需操作設置於垂直尾翼的方向舵，控制機體左右方向的偏轉。比方說，當方向舵偏向機體右側時，垂直尾翼產生由右向左的升力也隨之變大，結果令機頭向右轉。透過這項作動，以及由副翼（第36頁）產生的機體傾斜變化，飛機便能轉向飛行。

方向舵的作用

方向舵

方向舵朝向機體右側時，由右向左的升力增加。

機體尾部往左移動，機頭則朝右偏轉。

令機頭上下俯仰的方法

使水平尾翼的「升降舵」上下移動

想讓機頭往上或往下時，需要操作設置於水平尾翼上的升降舵，以控制機體上下方向的作動。

假設升降舵朝機體上方偏移，則水平尾翼由上往下的升力增加，結果使機頭上仰。相反地，若升降舵朝機體下方偏移，則水平尾翼由下往上的升力增加，結果使機頭下俯。

升降舵除了能令飛機穩定飛行之外，還用在起飛與落地時增強對飛機的操控。

功能絕妙的小機翼

方向舵

滾轉
（橫向滾動）

升降舵
控制機體上下方向的起伏（俯仰）。若升降舵偏轉，氣流相對於水平尾翼的角度跟著改變，便能令機頭上仰或下俯。升降舵在起落之際具有極為重要的作用。

俯仰
（縱向起伏）

副翼

偏航
（斜向偏轉）

升降舵的作用

升降舵

若升降舵朝向機體上方，
則由上往下的升力即隨之變大。

機體尾部下降，
則機頭上揚。

令機體左右傾斜的方法

使主翼的「副翼」上下移動

想讓機體左右傾斜時,需操作設置於主翼的副翼,控制機體水平方向的作動。

操作副翼時,左右兩側主翼的副翼會分別反向移動。比方說,若左主翼的副翼擺向機體下方,右主翼的副翼便會擺向機體上方。如此一來,左主翼由下往上的升力變大,而右主翼由下往上的升力變小。結果使得機體左側上浮,機體右側下沉,整個機體便往右傾斜。透過此項作動,以及利用

功能絕妙的小機翼

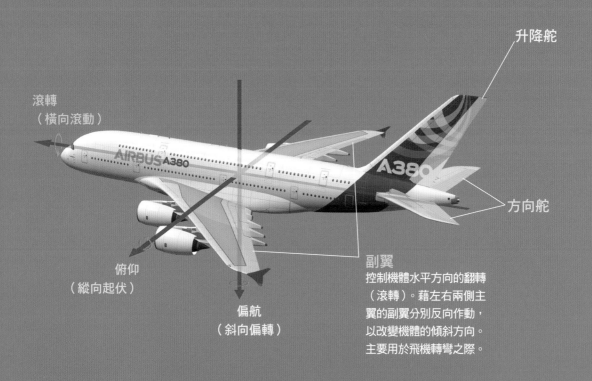

升降舵

滾轉
（橫向滾動）

俯仰
（縱向起伏）

偏航
（斜向偏轉）

方向舵

副翼
控制機體水平方向的翻轉（滾轉）。藉左右兩側主翼的副翼分別反向作動,以改變機體的傾斜方向。主要用於飛機轉彎之際。

方向舵改變機頭的左右方向，飛機便能轉向飛行。

目前除了起飛落地之外，其餘飛行（巡航）期間幾乎皆採用「自動駕駛」（autopilot）。這是一種控制系統，由電腦掌握機體的飛行姿勢、速度等狀態進行操控，使飛機能按事先設定的航線自動飛行。

副翼的作用

當副翼擺向機體下方時，由下往上的升力隨之變大。

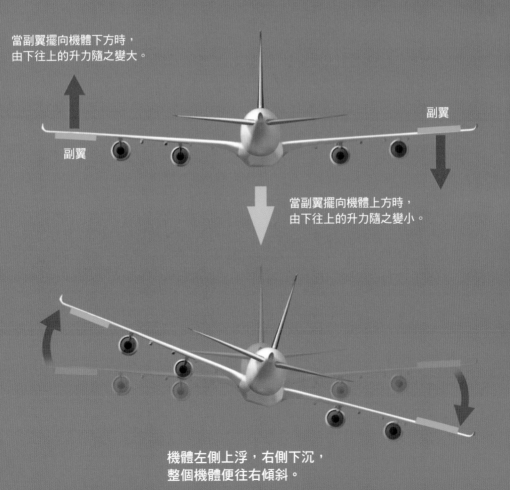

副翼

副翼

當副翼擺向機體上方時，由下往上的升力隨之變小。

機體左側上浮，右側下沉，整個機體便往右傾斜。

相當於A380「心臟」的渦輪扇引擎！

最大推力可達34.5公噸！

讓 巨大的A380能在空中飛翔的動力來源，在於安裝在雙翼的4具強力「渦輪扇引擎」（turbofan engine）。渦輪扇引擎藉吸入大量空氣，再將所吸入的空氣經風扇加速噴出進而獲得推力。

A380配載「Trent 900」或「GP7000」其中一種引擎。右圖所示的引擎為Trent900。全長4.55公尺的Trent 900，擁有直徑2.96公尺的巨大進氣口。最大推力可達34.5公噸。

接下來第40～41頁的單元中，我們將仔細檢視渦輪扇引擎的結構！

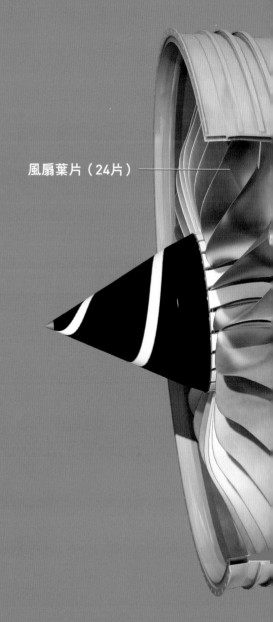

風扇葉片（24片）

渦輪扇引擎「Trent 900」

旁通道（bypass）
經風扇吸入、壓縮的空氣約有90%
流過此處排出。

高壓渦輪
高壓渦輪由1段轉動葉片構成，以機軸連接來驅動前
方的高壓壓縮機。接收來自燃燒室超過攝氏2000度
的燃氣使渦輪轉動。

中壓壓縮機
由8段轉動葉片列構
成。將風扇壓縮過的
空氣再度壓縮。由鈦
合金製成。

中壓渦輪
中壓渦輪由1段轉動葉片列構成，以機軸連
接來驅動前方的中壓壓縮機。燃燒室釋放的
燃氣通過高壓渦輪進入此處使渦輪轉動。

高壓壓縮機
將中壓壓縮機壓縮過後
的空氣進一步壓縮，並
將高溫、高壓空氣送往
燃燒室。6段轉動葉片
構成。由鈦及耐熱合金
製成。

低壓渦輪
低壓渦輪由5段轉動葉片列構成，以機軸
連接來驅動前方風扇。燃燒室釋放的燃氣
通過中壓渦輪進入此處使渦輪轉動。

火星塞

火星塞

燃燒室
向被壓縮機加壓過的高壓氣體連續噴射
燃油，製造高壓氣體和霧化燃油混合而
成的氣體。再利用火星塞產生的電火花
點燃此混合氣體，並使之持續燃燒。

輔助變速箱
利用引擎旋轉力的裝置群。
包括燃油泵及油壓泵等。

渦輪扇引擎的結構

「旁通氣流」產生強大的推進力！

渦輪扇引擎首先以巨型風扇吸入大量空氣（1）。所吸入的空氣分為兩路，中路空氣由壓縮機予以壓縮，送進燃燒室（2）。在燃燒室中，這些壓縮的空氣與燃料混合燃燒（3）。因燃燒產生的高溫高壓氣體，驅使前方壓縮機及風扇的渦輪機轉動，最終成為噴射氣流（jet stream）排出（4）。

另一路空氣則圍繞著引擎中心部分流動，一般稱之為「旁通氣流」（bypass flow）。旁通氣流量較多（旁通比較高）的渦輪扇引擎中，會產生更強大的推進力。

透過旁通氣流的完美包覆，除了能將噴射氣流的能量一絲不漏地完全轉換成推進力之外，還能遮蔽噪音。因此渦輪扇引擎不只較為省油，還有低噪音的特色。

1.風扇

引擎藉風扇吸入空氣。其中一部分的空氣進入壓縮機，剩餘的大部分空氣則穿過周圍的旁通道。

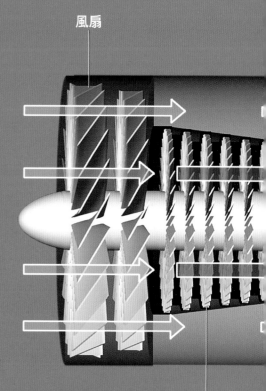

風扇

中壓壓縮機

飛機的「渦輪扇引擎」構造圖

2.壓縮機
壓縮機分成好幾個階段，每通過一段，壓力就變高。

3.燃燒室
對高壓空氣噴灑燃料使其燃燒，生產高溫高壓的氣體。

4.渦輪
藉噴出高溫高壓氣體使渦輪機轉動。渦輪機旋轉，前方的風扇與壓縮機才會運轉。通過的氣體則在形成噴射氣流後排出。

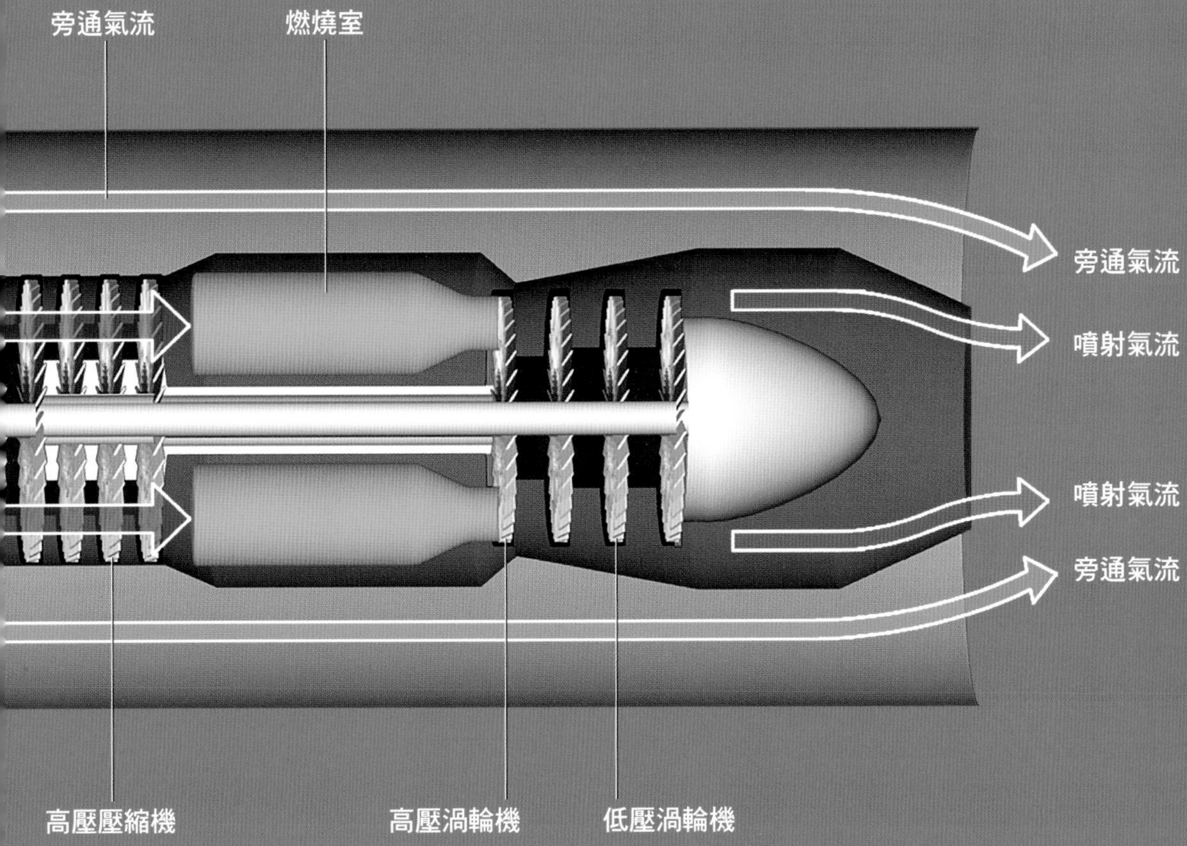

旁通氣流

燃燒室

旁通氣流

噴射氣流

噴射氣流

旁通氣流

高壓壓縮機

高壓渦輪機

低壓渦輪機

A380的機身為何不易損壞？

強固的奧妙在於卵形構造

般飛機的機身以「半單殼式結構」（semi-monocoque construction）打造，乃由卵形的「框架」及縱向加強材料「桁梁」組構而成。「monocoque」一詞來自法語的「蛋殼」，機身結構正如其名為蛋殼形狀，承受加諸於機身的各種負荷。

飛機機身採用極具強度的鋁合金（杜拉鋁，duralumin）為業界主流。然而現在也已開始大量使用新材料，亦即「複合材料」。

如右側照片所示，客艙 2 樓和 1 樓的地板顏色迥異。這是因為客艙 2 樓地板是採用複合材料其中的「碳纖強化塑膠」（CFRP）。CFRP是用環氧樹脂來黏合碳纖，具有既輕又強韌的特性。A380的整座機身約有25%採用CFRP等複合材料，重量比以往的設計成功減輕多達15公噸。

A380機身為3層構造

照片為正在進行組裝作業的A380機身。其中除了史上首座雙層客艙之外，加上最底層貨艙，總共為 3 層構造。從照片中可以看見，前後有多層相連的卵形框架。在A380的客艙 2 樓地板或後方耐壓艙壁等處，約有25%採用碳纖強化塑膠等複合材料製成。

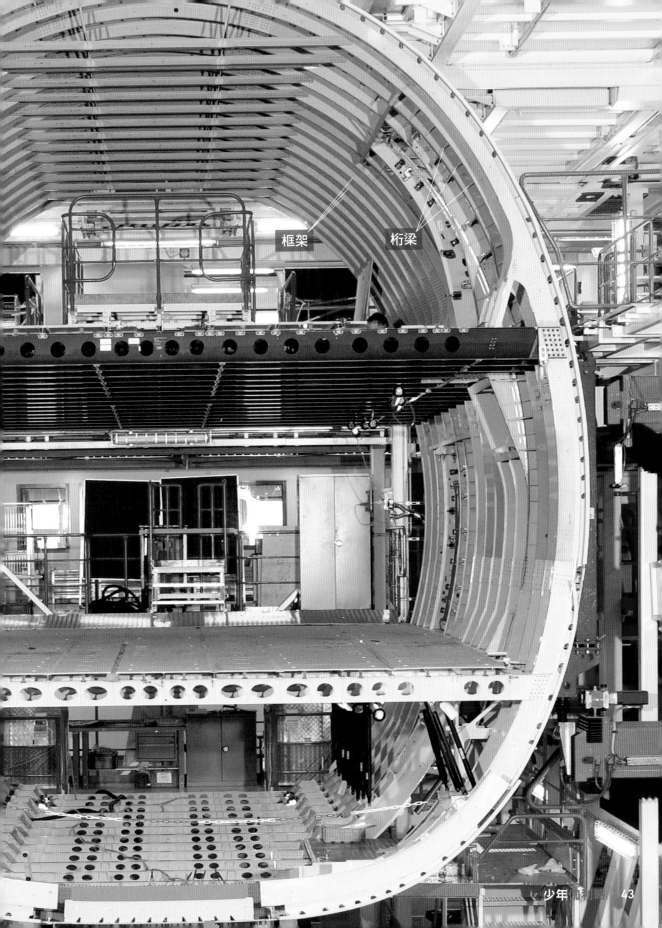

框架　　桁梁

Coffee Break

一窺A380
駕駛艙全貌！

飛機的飛行必須要有高度、速度、機體飛行姿勢及氣象等各式各樣的資訊。如今這些資訊均透過「玻璃駕駛艙」（glass cockpit）集中顯示在液晶顯示器上。

說到飛機的操控，應該有很多人會想到如右下圖駕駛座前的Y字型「駕駛盤」（參考右下角照片）。然而現行的空中巴士飛機，已廢棄此型駕駛盤，改用側置操縱桿（side stick）。如此一來，除了能夠解決儀表板遭致遮蔽的問題，並也由於不需抬高手臂，因此即使是長途飛行，機師也不易疲累，再者，座位前方還能設置抽屜式拉桌及鍵盤等，兼具多元便利的優點。

此外，抬頭顯示器（head-up display，可將資訊投影在駕駛視線上方的透明螢幕）目前雖然不是標準配備，但A380的駕駛艙中已能配載此項設備。

從駕駛盤到側置操縱桿
圖示為A380的駕駛艙。空中巴士公司棄用以往的駕駛盤，改採側置操縱桿。這兩個座位後面還有兩個座位，長途飛行時可供輪班人員乘坐。

側置操縱桿
可藉由操作升降舵與副翼，來使機頭上下俯仰或機身左右滾轉的桿狀裝置。

方向舵踏板
用來調整方向舵的踏板。如果踩踏左邊的踏板，機頭就會往左偏向。

機長座位

頭頂儀表板
羅列了引擎啟動開關、油壓系統操作面板、燃料系統操作面板、無線電機操作面板等多項裝置。

機載資訊終端機
顯示飛航路線圖、維修相關資訊。

引擎監督顯示器
顯示引擎相關資訊或警報。

系統顯示器
顯示油壓、電力、空調、艙門開關等系統的資訊。

導航顯示器
顯示航線、風向、風速等相關資訊。

主飛行顯示器
顯示飛機姿勢、速度、高度等相關資訊。

折疊式鍵盤
能用來進行各項系統操作的鍵盤。

多功能顯示器
可選擇並呈現無線電機、速度或機場相關等多項資訊的顯示器。

油門操縱桿
用來調整引擎動力的操縱桿。

引擎總開關
用來啟動引擎的開關。

副駕駛座位

減速操縱桿
用來控制擾流板（詳見第50頁）的操縱桿。

襟翼操縱桿
用來調整襟翼角度的操縱桿。

波音787的駕駛盤

不會偏離著陸
路徑的祕密

由機場附近的三個電波引導
飛機著陸

飛機著陸時，會按「儀器降落系統」（Instrument Landing System，ILS）所指示的路徑飛行。ILS這個系統會針對進入著陸階段的飛機，從機場附近發出電波，引導飛機飛往著陸路徑。

ILS由三個部分構成，一為通知是否與著陸路徑有左右偏離的「左右定位台」（localizer）；另一為通知是否上下偏離的「滑降台」（glide path）；三是通知跑道所剩距離的「信標台」

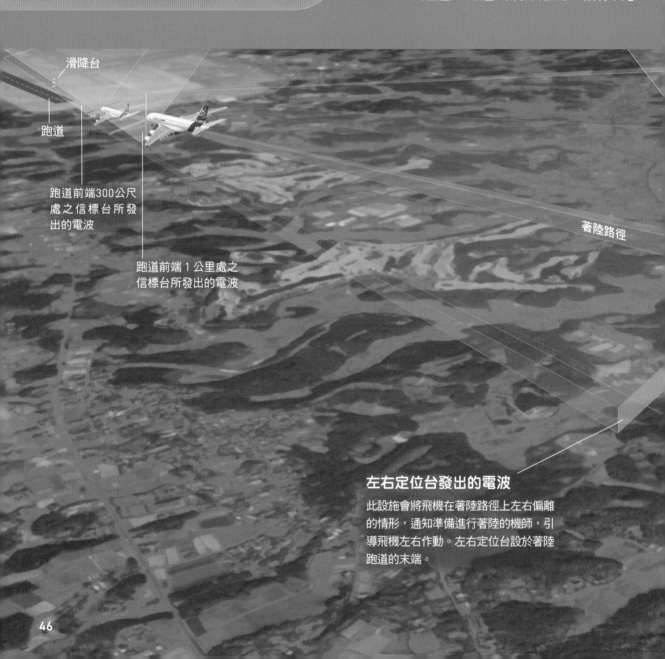

滑降台

跑道

跑道前端300公尺處之信標台所發出的電波

跑道前端1公里處之信標台所發出的電波

著陸路徑

左右定位台發出的電波

此設施會將飛機在著陸路徑上左右偏離的情形，通知準備進行著陸的機師，引導飛機左右作動。左右定位台設於著陸跑道的末端。

（marker beacon）。飛機藉著接收這些電波，便能猶如「溜電波滑梯」一般，順利安全落地。

著陸操作基本上由機師依據ILS提供的資訊親手進行。然而若是各項條件都齊備，飛機也可能進行全自動著陸。A380寬幅達79.8公尺，另一方面跑道寬度則只有30公尺、45公尺或60公尺三種規格。故可知飛機需要多麼高的準確性才得以降落在跑道上！

也能進行全自動著陸

輔佐客機著陸的「儀器降落系統」（ILS）如下圖所示。跑道中心設置有「中心線」（center line），以及通知機師適當進場角度的「進場燈」（approach light）。除了這些設備，再加上ILS，則即使濃霧或豪雨造成機師視線不良，飛機仍然可以準確地飛向跑道。

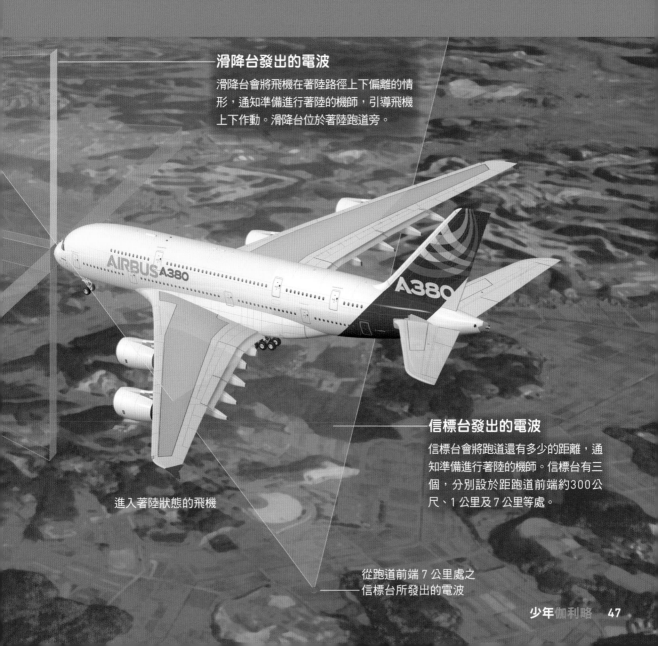

滑降台發出的電波
滑降台會將飛機在著陸路徑上下偏離的情形，通知準備進行著陸的機師，引導飛機上下作動。滑降台位於著陸跑道旁。

進入著陸狀態的飛機

信標台發出的電波
信標台會將跑道還有多少的距離，通知準備進行著陸的機師。信標台有三個，分別設於距跑道前端約300公尺、1公里及7公里等處。

從跑道前端7公里處之信標台所發出的電波

飛機跑道與一般車用道路不同

地面下建有多層基礎結構

與一般車輛專用道路相異，飛機起降的跑道有著特殊的構造。

以A380來看，最大著陸重量高達386公噸。跑道首要任務是，讓此重量級飛機即使以時速約250公里的一般著陸速度落地時，表面也不會凹陷或刮傷。因此跑道是在地面下的多層基礎結構再鋪設2～3公尺厚度的瀝青所製成的。

例如日本關西國際機場這種填海建出來的跑道，為了強化地盤，便多加進行了深達地下數十公尺的地盤改良工程。

此外，建造跑道時還運用了各種巧妙的設計，例如為了讓飛機容易煞停，會在跑道上施作溝槽（groove），或是為了避免積水，將跑道面鋪成凸型等等。

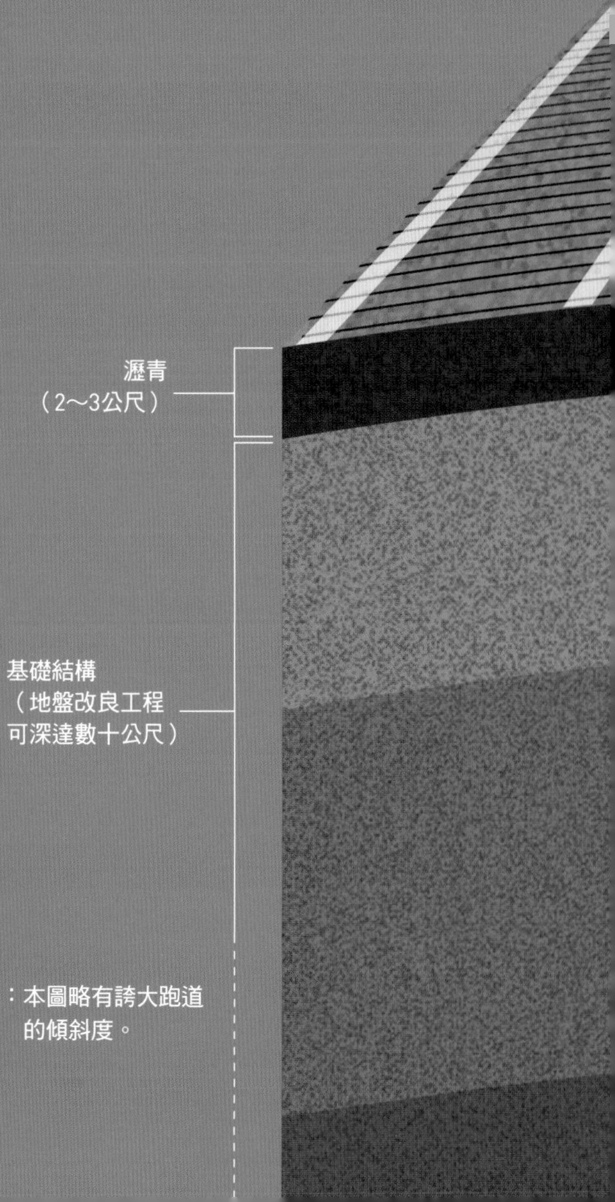

瀝青
（2～3公尺）

基礎結構
（地盤改良工程
可深達數十公尺）

註：本圖略有誇大跑道
　　的傾斜度。

跑道截面圖

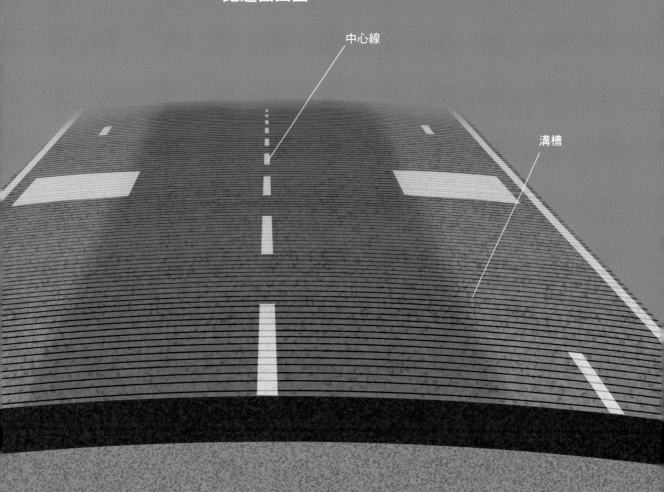

中心線

溝槽

飛機著陸時的煞停方式

使飛機安全停住的三種煞停裝置

持續下降的A380，終於來到著陸的瞬間。

為了能安全停住，飛機著陸時用到三種不同的煞停裝置。第一種是主翼上方的「擾流板」（spoiler）。在飛機輪胎觸地的瞬間，會將所有的擾流板同時豎起，增加空氣阻力以降低速度。並同時減少主翼產生的升力，讓輪胎的煞停效果更佳。

第二種是設置在起落架（landing gear）上的「碟式煞停」（disc brakes）。利用機輪與碟盤密合產生的摩擦力，使輪胎停止轉動。

最後第三種是利用渦輪扇引擎的「逆噴射」（reverse thrust）。此乃藉外罩門阻斷旁通氣流，將排氣方向改成朝斜前方排出，進而降低飛機的速度。

輻射層輪胎（radial tire）

輪胎的構成，包括具有溝紋的橡膠「胎面」（tread）、可增加強度的「帶束層」（belt），以及由聚酯纖維或縲縈等纖維製成，做為骨架部分的「胎體」（carcass）。A380機輪的帶束層，使用名為「芳綸」的聚醯胺合成纖維。因此，機輪因摩擦而損耗的量逐漸減少，並成功輕量化。

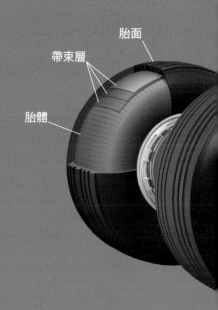

胎面

帶束層

胎體

減少升力的擾流板

擾流板

襟翼

照片為波音747在著陸時升起的擾流板。

起落架

左圖是設置在機體上所謂「機輪」的起落架。起落架上分別安裝了減輕落地衝擊的「油壓式減震器」，以及停住輪胎轉動的「多碟式煞停」。

油壓式減震器

氣缸 　　狹口
壓縮氣體
油
活塞

油壓式減震器的機制

減震器由氣缸和活塞構成。油和壓縮氣體封閉在氣缸內。在飛機著陸時，藉油通過氣缸內的狹口（orifice）產生摩擦，進而吸收衝擊。

輪圈

多碟式煞停

由固定於機輪並隨機輪旋轉的數片「旋轉碟」（rotor disc），和固定於起落架而不轉動的「固定碟盤」（stator disc）交錯排列構成（碟片未示出）。煞停時，利用油壓讓這 2 種碟盤互相緊貼，再藉產生的摩擦使機輪停止轉動。

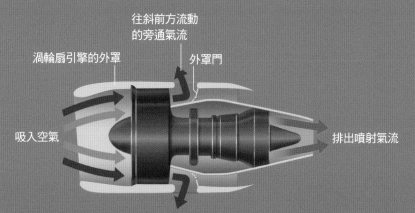

往斜前方流動的旁通氣流

渦輪扇引擎的外罩　　外罩門

吸入空氣

排出噴射氣流

逆噴射機制

逆噴射時，渦輪扇引擎的外罩開啟，再利用外罩門阻斷旁通氣流（第40頁）。如此一來，旁通氣流的流向便會轉換至斜前方，產生煞停作用。逆噴射期間，為了讓前方的風扇轉動，噴射氣流會從後方排出。

90分鐘完成下一趟 飛行的準備！

飛機總算順利完成一趟航行任務，然而卻無暇休息，因為必須立即展開下一趟飛行的準備作業。

一般而言，國際線航班約隔2小時，國內線則約隔45～60分鐘，下一趟飛行便須啟程。在這短促的時間裡，不僅要清掃機艙、補給燃料和搬運機內餐點，還必須進行機體的檢修，稱為「停機線維修」（line maintenance）。在進行這項作業時，維修技師和機長必須以目視方式檢查飛機外觀有無異常，機輪有無磨損等等。若發現異常，必須在起飛前完成修理。

近年來的飛機，為了能提高整備作業的效率，都具備了在高空飛行時也能將當下機體狀況傳至地面的功能。維修技師便可依據傳送的資訊，事先備妥需要更換的零件，迅速進行停機線維修，完成整備作業。

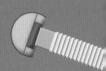

空橋
乘客及機組人員從航站大廈登機的設備。
亦能直接通往A380的2樓客艙。

空氣啟動裝置
用途在於提供啟動引擎所需的壓縮空氣。未使用機體尾部的輔助動力裝置時，即會用到此車。

**落地至再起飛
僅短短90分鐘**

A380為下一趟飛行做準備的情況如圖所示。從飛抵機場後人員開始進行維修，準備下一趟飛行，到旅客登機後飛機起飛，這段時間稱為「周轉時間」（turn around time）。A380比起以往的客機更加龐大，乘客人數也更多，但仍能將周轉時間維持在「90分鐘」，這和現役大型客機所花費的時間完全相同。

牽引車
由於飛機無法自行後退，因此出發時需靠這類車推動或牽引。

垃圾車
回收及搬運前一趟飛行所產生的垃圾。

地面動力裝置
代替機體尾部的輔助動力裝置，可從地面供電。

加油車
負責供給燃料的車輛。飛機的燃料是透過機場地下管線進行供給。利用加壓式補給將燃料加壓後，只需15～30分鐘就能完成加油。

食物裝載車
負責裝載機內餐點及用品的車輛。貨櫃抬升至客機的登機口後，直接和艙門連接，因此易於搬運。

拖車
負責將高升裝載車（high lift loader）及輸送帶裝載車卸下的貨櫃運送至航站大廈的拖拉機（tractor）。

貨櫃

加水車
供給機內所需用水的車輛（停在機體正下方）。

輸送帶裝載車
安裝有用來運送貨物的輸送帶。

汙水車
負責運送廁所排水或客艙汙水。

高升裝載車
負責運送貨櫃的車輛。為了讓重心落在適當的位置，每趟班機都會製作一份記載貨物配置的清單（裝載計畫），貨物將會依照清單裝載。

超音速飛機是如何辦到的？

產生震波而蒙受激烈的空氣阻力

超越「音障」不易

從0.75馬赫到1.3馬赫所產生的震波如圖所示。依機體的形狀不同，震波形狀也隨之改變。即使速度為0.7馬赫，在氣流流速快的主翼上翼面，也會有一部分超越1.0馬赫而產生震波。

在飛機的沿革歷程上，提升速度是個重大的課題。在提升飛機速度時，會遇到一個極大的障礙，那就是「音障」（sound barrier）。與音速相同的速度稱為「1馬赫」，在地面上約為時速1224公里（會依氣溫而有所變化）。飛機速度超越1馬赫的情況，就是「突破」音障的現象。

物體如果以比音速更快的速度（超音速，supersonic velocity）在空氣中飛行，將會產生「震波」（shock wave）。由於震波的影響，飛機會驟然蒙受名為「興波阻力」（wave making resistance）的強烈空氣阻力，因此若只是單純提高引擎推力，想要超越音速極為困難。

再者飛機機體周圍的氣流並不一致，當機體速度約在0.7～1.3馬赫之間（穿音速，transonic speed），周圍的氣流會是超音速與未超音速兩部分氣流混在一起。因此在穿音速的區域中會出現機體搖晃、不易掌舵的情況，致使機體穩定性下降。

1.3馬赫

一旦速度超過1馬赫，機翼前緣及機頭前端也會產生震波。若速度達到1.3馬赫以上，整個機體所帶起的氣流皆會超過音速而趨於平穩，飛行也隨之穩定。

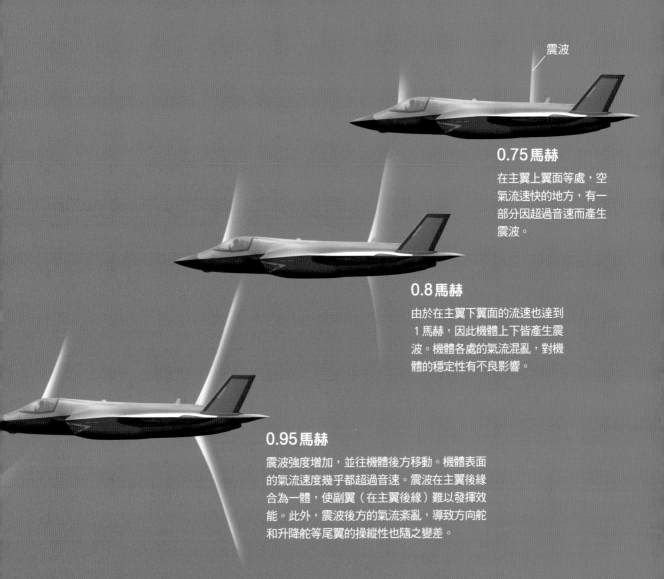

震波

0.75馬赫

在主翼上翼面等處，空氣流速快的地方，有一部分因超過音速而產生震波。

0.8馬赫

由於在主翼下翼面的流速也達到1馬赫，因此機體上下皆產生震波。機體各處的氣流混亂，對機體的穩定性有不良影響。

0.95馬赫

震波強度增加，並往機體後方移動。機體表面的氣流速度幾乎都超過音速。震波在主翼後緣合為一體，使副翼（在主翼後緣）難以發揮效能。此外，震波後方的氣流紊亂，導致方向舵和升降舵等尾翼的操縱性也隨之變差。

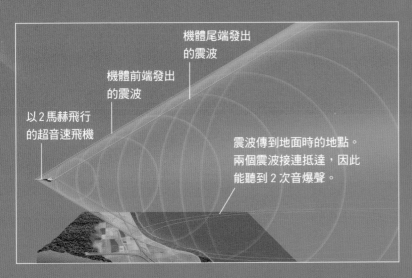

機體尾端發出的震波

機體前端發出的震波

以2馬赫飛行的超音速飛機

震波傳到地面時的地點。兩個震波接連抵達，因此能聽到2次音爆聲。

什麼是震波？

圖示為以超音速飛行的飛機，以及該機每秒發出音波的傳播情景（圓形波）。飛機追上本身發出的音波，此時震波呈圓錐狀往四周擴散。

最新型戰鬥機的形體樣貌！

利用機翼形狀延遲震波的發生

最新型戰鬥機 F-35B

F-35B是F-35戰鬥機系列中的一款機型。此系列分為一般起降型的「F35A」、短場起飛／垂直降落型的「F35B」，以及艦載型的「F35C」等三款類型。

軍用飛機所展現的姿勢，與民航客機的樣貌迥然不同。「F-35B」是美國洛克希德馬汀公司開發，於2015年開始服役的最新型戰鬥機。本章將以「F-35B」為重心，解析戰鬥機的結構。

此架戰鬥機會立即受到矚目的一大特徵，就是機翼的形狀！主翼的前緣，從翼根往翼尖逐漸向後掠縮（具後掠角，angle of sweepback）。主翼的後緣則與之相反，往翼尖逐漸向前掠縮（具前掠角，angle of sweepforward）。若主翼具有後掠角和前掠角，其特色是即使速度提高也能延遲震波產生。

事實上，主翼和水平尾翼具相同大小的後掠角與前掠角。這是因為角度一致，能獲得高度的「匿蹤性」（stealth，雷達難以偵測之性質）。機翼的形狀不只能延遲震波的發生，不讓敵人發現蹤跡也是非常重要的一項功能。

舉升風扇
詳見下一頁。

駕駛艙
配載寬50.8公分、高22.9公分的大螢幕觸控式面板。艙內未配備抬頭顯示器，由駕駛員戴著附有顯示系統的頭盔。

F-35的基本資料

總寬幅 ·············· 10.67公尺	水平尾翼寬幅 ··· 6.64公尺	最高速度 ········· 1.6 馬赫
全長 ·············· 15.61公尺	主翼面積 ········· 42.74平方公尺	（時速1960公里）
總高度※ ·········· 4.36公尺	最大起飛重量 ··· 27.2公噸	續航距離 ········· 約1666.8公里
※：從地面到垂直尾翼尖端之距離。	最大燃料容量 ··· 6.1公噸	

各個數值依F-35的類型不同
而有所差異。

垂直尾翼
分為兩片，以提高戰鬥機的操
控性。藉後部的左右方向舵相
互反向擺動，可作為氣動煞停
使用。

引擎排氣口
為了使戰機能垂直起降，引擎
排氣口正對下方（詳見下一
頁）。排氣口前端有鋸齒般的
切口，是為了確保匿蹤性。

F-135引擎
詳見下一頁。

水平尾翼
整片為「全動式」水平尾翼。
具有令機頭上下擺動的「升降
舵」功能，及操縱機體左右傾
斜的「副翼」功能。為了確保
匿蹤性，其前緣和後緣的角度
與主翼相同。

油箱

前緣襟翼
此襟翼幾乎與機翼寬幅相等。
戰鬥機在低速飛行時利用此襟
翼可以產生更強大的升力，進
而縮短起降距離，並且提高機
動性。

後緣襟副翼
「襟副翼」一詞是由高升力
裝置「襟翼」和使機體左右
傾斜的「副翼」組合而成。
襟副翼的功能正如其名，可
兼做襟翼或副翼使用。

輔助進氣口
在垂直降落時，會開啟位於引擎上方
的輔助進氣口。把由此吸入的空氣從
下方排出，戰鬥機便能垂直起飛。

戰鬥機的特殊引擎

從再次燃燒排氣獲得強大推力

戰鬥機的引擎大多加裝「後燃器」（after burner）。引擎所排出的氣體仍殘留著大量的氧氣。後燃器就是將燃料注入這些排氣，使之再度燃燒，令戰鬥機獲得強大推力的裝置。藉由後燃器，戰鬥機即能短場起飛或緊急加速。F-35B的F-135引擎，通常最大輸出功率約為12公噸，但如果使用後燃器，輸出功率能提升至約19公噸。

此外，部分戰機亦安裝能改變排氣方向的「推力偏向噴嘴」（thrust vectoring nozzle）。F-35B亦採用此種噴嘴，因而能垂直起降及滯空懸停。垂直起降時，位於F-35B機體前方的「舉升風扇」（lift fan）從上方吸入空氣後往下方排出，藉此保持機體前後平衡。

滯空懸停的F-35B

引擎的向下推力最大約有8.5公噸。舉升風扇的推力也約8.5公噸，左右兩翼之「滾轉噴管」（roll post）的推力共約1.5公噸。

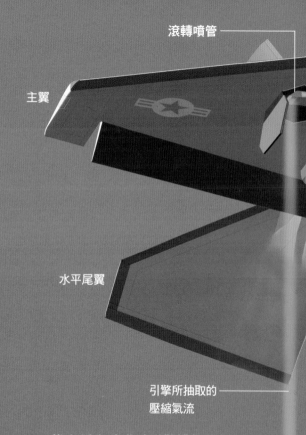

滾轉噴管

主翼

水平尾翼

引擎所抽取的壓縮氣流

推力偏向噴嘴（引擎排氣口）
能將排氣方向從正後方轉換為往下。但當排氣口朝下時，則無法使用後燃器。

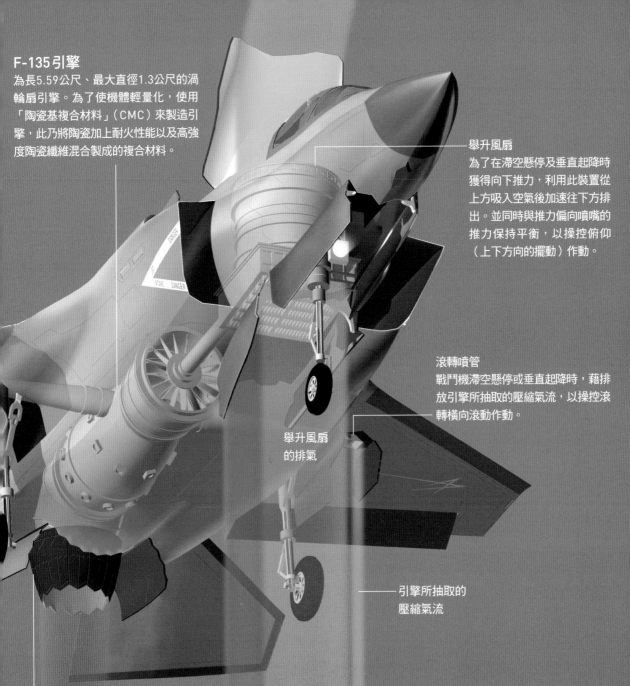

F-135引擎
為長5.59公尺、最大直徑1.3公尺的渦輪扇引擎。為了使機體輕量化，使用「陶瓷基複合材料」（CMC）來製造引擎，此乃將陶瓷加上耐火性能以及高強度陶瓷纖維混合製成的複合材料。

舉升風扇
為了在滯空懸停及垂直起降時獲得向下推力，利用此裝置從上方吸入空氣後加速往下方排出。並同時與推力偏向噴嘴的推力保持平衡，以操控俯仰（上下方向的擺動）作動。

滾轉噴管
戰鬥機滯空懸停或垂直起降時，藉排放引擎所抽取的壓縮氣流，以操控滾轉橫向滾動作動。

舉升風扇
的排氣

引擎所抽取的
壓縮氣流

噴射氣流

後燃器的機制

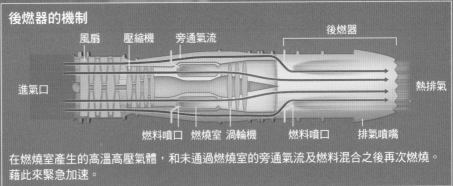

風扇	壓縮機	旁通氣流		後燃器

進氣口 —— 熱排氣

燃料噴口　燃燒室　渦輪機　　燃料噴口　排氣噴嘴

在燃燒室產生的高溫高壓氣體，和未通過燃燒室的旁通氣流及燃料混合之後再次燃燒。藉此來緊急加速。

Coffee Break

航空表演秀之中
活躍吸睛的
「F/A-18」

美國海軍陸戰隊改採用F/A-18（暱稱大黃蜂）戰鬥機，是為了取代這兩款機種 ── 於敵陣上空鏖戰的F-4戰鬥機，以及進行地面攻擊的A-7海盜II式攻擊機，所以此戰鬥機型號一開始就訂為「F/A」。

F/A-18外觀最顯眼的特徵，就是配備了自主翼根部往機頭方向延伸的狹幅機翼 ──「邊條翼」（strake）。F/A-18也因此具有低速時的機動性及起降功能，是適合作為艦載機的優秀戰鬥機。

此外還配備了雙引擎，萬一單邊引擎停止運轉，也能繼續飛行。這點可說是海上出勤之航機機體上十分獨特的考量。

本戰機為玻璃駕駛艙，飛航資訊都顯示在儀表板的3面觸控式面板液晶顯示器上。用來偵測敵機的武器管制雷達（fire control radar）可同時追蹤8個目標。

飛行中隊「高帽人」
的航空表演秀

照片攝於2013年4月舉行的航空表演秀，為隸屬美國海軍第14打擊戰鬥飛行中隊 ──「高帽人」（Tophatters）的2架F/A-18E戰鬥機飛行英姿。照片可見從翼尖延伸出條狀白色雲帶，這並不是航空表演中使用的煙霧。飛行時，翼尖會產生「翼尖渦流」（wingtip vortex）的漩渦，其中的空氣因加速而急遽膨脹，因此溫度下降產生細小水滴，為目視可見的一種現象。

F/A-18 E/F（暱稱超級大黃蜂）規格一覽表	
	※：F/A-18 E 數值
全長	18.38 公尺
總高度	4.88 公尺
翼展	13.68 公尺
機翼面積	46.5 平方公尺
空重	1萬4007 公斤
引擎	GE F414-GE-400 ×2具
推力	57.8 千牛頓 × 2
推力 （後燃器啟動時）	97.9 千牛頓 × 2
最大速度	1.8 馬赫
續航距離	2900 公里
乘員數	1名
開發單位	美國麥克唐納・ 道格拉斯公司

利用陽光飛行的「太陽能飛機」

行動電話或網際網路的中繼站

通訊衛星

一般客機

無線基地台

電視塔

無線基地台

本章將一覽目前正在開發的新世代飛機。

現今的噴射機是靠燃燒航空煤油（kerosine）來飛行，因此在高空排放了大量的二氧化碳及氮氧化物，恐有影響環境之虞。為了解決此問題，便開始研究利用陽光飛行的「太陽能飛機」（solar plane）。

如果沒有發生故障的話，太陽能飛機便能維持半永久性飛行。無人飛機如果在高度20公里以上的高空（平流層）持續飛行，亦能做為行動電話或網際網路的中繼站。

以往地面上的無線基地台會嚴重受到建築等障礙物的影響，即使利用人工衛星，但傳達至地面的電波強度較弱，也容易產生時間差。太陽能飛機也許能夠解決這些課題。

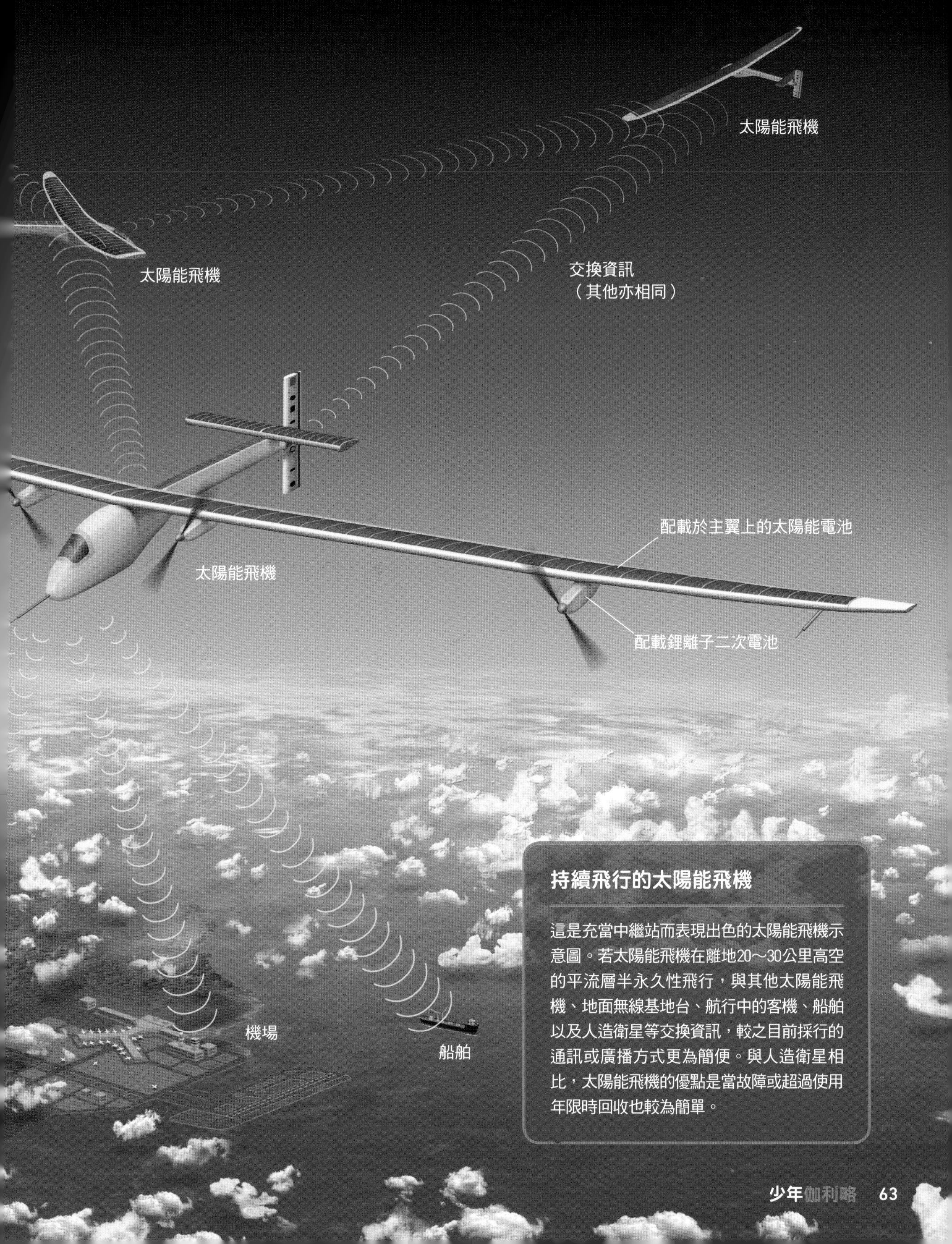

太陽能飛機

太陽能飛機

交換資訊
（其他亦相同）

配載於主翼上的太陽能電池

太陽能飛機

配載鋰離子二次電池

機場

船舶

持續飛行的太陽能飛機

這是充當中繼站而表現出色的太陽能飛機示意圖。若太陽能飛機在離地20～30公里高空的平流層半永久性飛行，與其他太陽能飛機、地面無線基地台、航行中的客機、船舶以及人造衛星等交換資訊，較之目前採行的通訊或廣播方式更為簡便。與人造衛星相比，太陽能飛機的優點是當故障或超過使用年限時回收也較為簡單。

超音速客機「MISORA」

利用上下 2 片主翼進行靜音飛航！

飛行速度若超過音速（每秒340公尺），機體會產生震波，導致阻力急遽增加。因此，以往的超音速客機必須具備強力引擎以及大量的燃料。機體越大，飛行速度越快，則震波也越強。

此外，高空上產生的震波傳到地面時，會發生 2 次「砰砰」爆炸聲（音爆，sonic boom）。由日本東北大學開發的新世代超音速客機「MISORA」以 2 片機翼（複翼）包夾機體，解決了音爆的問題。

MISORA在進行超音速飛行時仍會產生震波，但幾乎都發生在 2 片機翼

陸地上空也能進行超音速飛行！

新世代超音速客機「MISORA」僅需 6 小時便能從東京飛到紐約，而且幾乎不會發出以往超音速飛機的巨響噪音。MISORA的音爆只到「叩叩」敲門聲的程度。噪音的困擾很小，故陸地上空也能進行超音速航行。目前也正為了安靜起降而進行相關研究。

客艙

由於單翼超音速客機機體越大越會發出巨大的「音爆」，最多只能容納10人搭乘。然而MISORA擁有寬敞的客艙，預計可乘載約100名旅客。

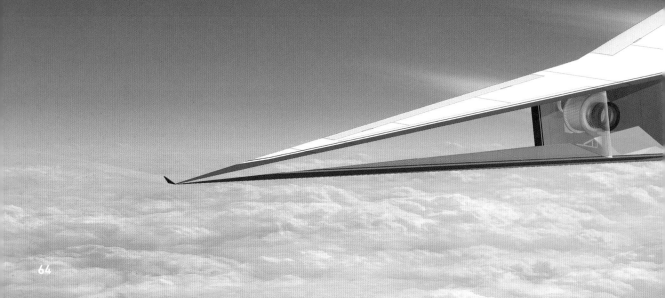

的內側，會彼此相互抵消。而通常安裝於機翼下方的引擎夾在 2 片機翼之間，客艙等機體部分則設置在機翼上方。機體是以機翼為中心構成的「全翼機」，音爆較以往減低25%。

除了MISORA之外，包括本田技研工業（HONDA）飛機事業子公司的「HondaJet」，以及三菱飛機的噴射客機「Mitsubishi Space Jet」等等，日本正極力開發各式各樣的飛機。

襟翼
令部分機翼彎曲，進而改變氣流的裝置。MISORA從機場起飛至達到1.7馬赫之前，機翼會承受強大的空氣阻力（阻塞現象，choked condition）。因此，正著手研議移動襟翼以減小空氣阻力的方法。

翼尖小翼
固定上下機翼兩端的板子。以超音速飛行時，2 片機翼之間產生波，令氣壓升高。為防止 2 片機翼間隔遭壓力撐開而用此裝置固定。

高溫複合材料
機翼尖端在受到空氣摩擦的影響下，溫度會上升至攝氏100度左右。因此，採用以耐熱塑膠固定「碳纖」這種強化纖維所製成的材料來打造機體。

尾翼

Institute of Fluid Science
Tohoku University
IFS

襟翼

引擎
MISORA共配載 4 具引擎，其中機體中央配 2 具，另左右各配 1 具。日本宇宙航空研究開發機構（JAXA）預定實驗飛機上將配載目前開發中的超音速飛機專用引擎「S-engine」。（資料提供：JAXA）

顛覆既有認知的「變形翼飛機」

機翼能於飛行中隨時變形！

飛機發明以來的百年之間，螺旋槳飛機、噴射機、火箭推進飛機等各種新型飛機陸續登場，都擁有機翼整體形狀不會變形的固定翼。像萊特兄弟發明的翹曲機翼這種整片機翼變形的方式，到後來並不符合近代航空工程學的常識。

然而有趣的是，專家學者最近又再度開始針對整體會變形的機翼進行研究。而研究的對象即是名為「自動變

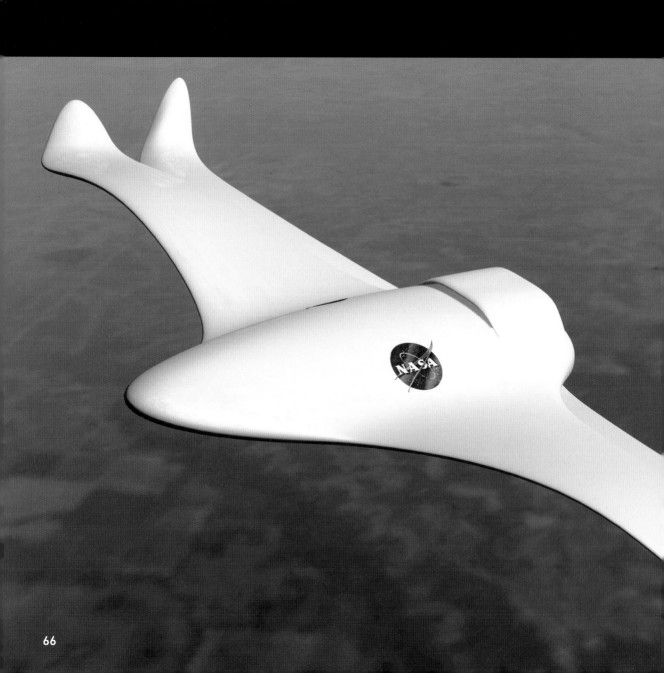

形翼」（active morphing wings）的機翼。

此類型的機翼可藉由積極改變機翼整體的形狀，來適應飛行中會遇到的各種情況。比方說，鳥類在離地時為了獲得強大的升力會將翅膀完全展開，但在高速飛行時若全面展翅，產生較大的阻力反而帶來不利影響。因此鳥類在疾速飛行時會將翅膀縮小以減少阻力。美國太空總署（NASA）及國防高等研究計畫署（DARPA）等機構，已開始針對和鳥類翅膀一樣能在高空大膽變形的自動變形翼進行相關研究。

NASA所研究的變形飛機

左圖為NASA正致力研究的「21st Century Aerospace Vehicle」想像圖（電腦繪圖）。此機體預定使用自動變形機翼。透過偵測器感應機翼表面在空氣中所受到的壓力，再依據接收的資訊，隨時將機翼變換成最適當的形狀。此種新型航機脫離以往由機體或機翼等「要素」構成的傳統航機概念，採用機身和機翼融為一體的設計。

能於空中盡情眺望的「無人機」

「**無**人機」（drone）這種擁有三個以上的螺旋槳、以無線操作的多軸飛行器，近年來相關開發蔚為風潮。研議的用途包括災害地區的調查，或無人配送等。其中專為空中攝影所開發的空拍機，已開始廣泛運用於專業到業餘的各個層面。

中國大疆創新公司（DJI）的「Phantom 4 Pro」，可透過分別單獨調整4個螺旋槳的旋轉數，進行上下左右前後的移動或當下的方向變換。除了能用遙控器操控飛行之外，也能事先指定路線，令機器自動按規劃飛行。

此外，這款無人機還以GPS衛星、視覺感測器（vision sensor）及電子羅盤（electron compass）3維判斷現在位置和方位，進而控制飛行姿勢以維持穩定。

飛行中為了讓攝影機維持定向，以3軸陀螺儀感測器（gyro sensor）檢視機體姿勢變化，再讓攝影機的連接臂（3軸穩定器）能3維移動，俾使攝影機維持水平方向。

馬達

減震橡膠
為使驅動螺旋槳的馬達震動不致傳開，於攝影機與連接臂之處加裝減震橡膠。

拍攝影像不會晃動的機制

大疆公司的無人機「Phantom 4 Pro」靠4個螺旋槳飛行。以GPS、視覺感測器及電子羅盤檢測飛行時的機體位置。再者，以多台感測器自動控制飛行姿勢。飛行中攝影機角度保持水平，並持續抑制震動。如此一來，便能像載人直升機的空拍一樣穩定，拍攝成安定不會晃動的影像。

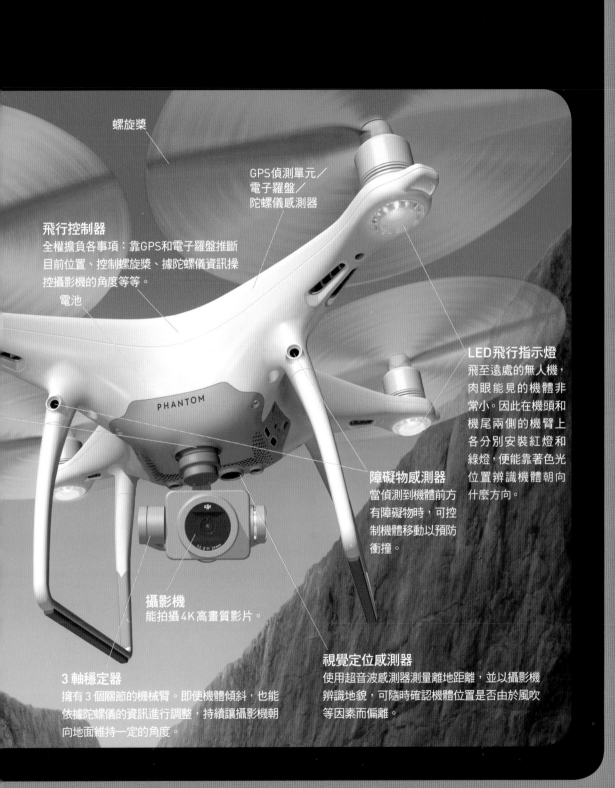

螺旋槳

GPS偵測單元／
電子羅盤／
陀螺儀感測器

飛行控制器
全權擔負各事項：靠GPS和電子羅盤推斷
目前位置、控制螺旋槳、據陀螺儀資訊操
控攝影機的角度等等。

電池

PHANTOM

LED飛行指示燈
飛至遠處的無人機，
肉眼能見的機體非
常小。因此在機頭和
機尾兩側的機臂上
各分別安裝紅燈和
綠燈，便能靠著色光
位置辨識機體朝向
什麼方向。

障礙物感測器
當偵測到機體前方
有障礙物時，可控
制機體移動以預防
衝撞。

攝影機
能拍攝4K高畫質影片。

3軸穩定器
擁有3個關節的機械臂。即使機體傾斜，也能
依據陀螺儀的資訊進行調整，持續讓攝影機朝
向地面維持一定的角度。

視覺定位感測器
使用超音波感測器測量離地距離，並以攝影機
辨識地貌，可隨時確認機體位置是否由於風吹
等因素而偏離。

升力如何產生？
因空氣流動造成的氣壓差異而浮升飛起

本 書到目前為止，我們乃是舉史上最大客機「A380」及最新型戰鬥機「F-35B」為具體實例，來觀察飛機的結構與飛行機制。本章則將詳細探討「升力」這個飛機賴以飛翔的力是如何產生的。

飛機的機翼縱剖面為前方圓滑、後方尖銳的流線形設計。流線形的機翼透過承受來自前方的風，能有效地產生令機翼往上的力，這就是升力。

機翼上下翼面的氣壓差產生升力

往氣壓較低的方向
產生力（升力）

流速快
（氣壓低）

機翼截面

流速慢
（氣壓高）

藉由思考氣流（流體），可以知道升力產生的原因，乃因受到機翼形狀及「攻角」（詳見第72頁）的影響，致機翼上翼面的氣流流速比下翼面的更加快速。而氣流流速較快的地方，所承受的氣壓會比氣流流速較慢的地方要來得低，這種現象稱為「白努利定律」（Bernoulli's law）。由於上翼面的氣壓比下翼面的低，因此才會產生往上推的力。

實際體驗白努利定律

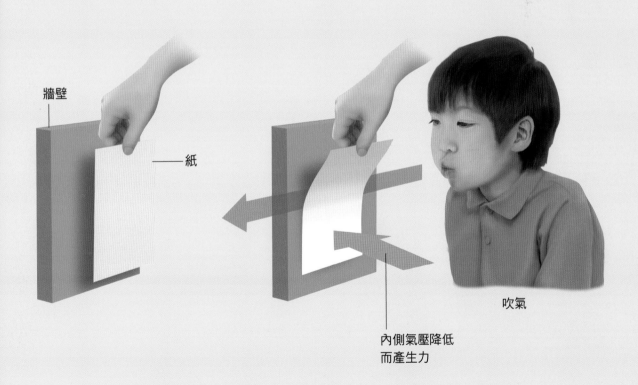

牆壁

紙

內側氣壓降低
而產生力

吹氣

動手做實驗來實際感受白努利定律。拿紙靠近牆壁，然後在紙與牆壁之間用力吹氣。
如此一來，內側的氣壓降低，便會產生將紙往牆壁壓的力。

墜機之失速
肇因機制
機翼傾斜角度過大
便會失去升力

欲改變升力大小,有許多方法可以採行。其中第一項在速度,升力隨速度的平方成正比增大。第二項在機翼的大小,升力隨機翼的面積成正比增大。最後,第三項則在機翼的傾斜角度。表示機翼相對於氣流傾斜之角度的數值稱為「攻角」。隨著攻角變大,機翼上下兩翼面間的壓力差變大,升力也隨之變大。

操控攻角是非常重要的。因為如果攻角過大,上翼面順暢的氣流將會從

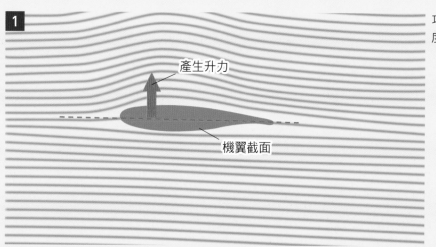

1

產生升力

機翼截面

攻角(機翼相對於風的傾斜角度)較小時,升力不大。

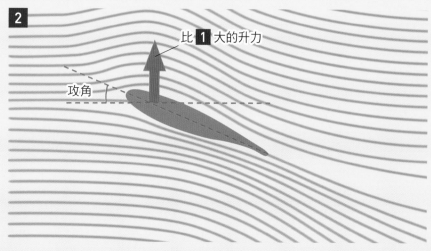

2

比 **1** 大的升力

攻角

隨著攻角變大,升力也會跟著變大。

機翼「剝落」，導致升力突然消失，這個現象就稱為「失速」（stall）。飛機在起降時，為取得較大的攻角，容易發生失速，而且飛行高度較低，導致墜機的危險性增加。起飛後3分鐘及著陸前8分鐘，發生航機事故特別多，因此稱為是「惡魔的11分鐘」。

機翼的攻角、襟翼與升力的關係

攻角角度增大（**2**），或是啟動襟翼使機翼面積增加（**3**），便能使升力增大。然而若是攻角超過某一特定角度便會失去升力（**4**）而失速。造成失速的角度依機翼截面或氣流流速而有所不同。

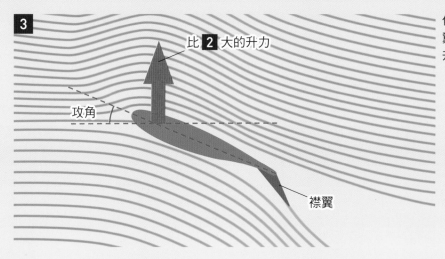

3 比 **2** 大的升力

攻角

襟翼

伸出收在機翼後緣的「襟翼」，增加機翼面積，便能使升力增加。

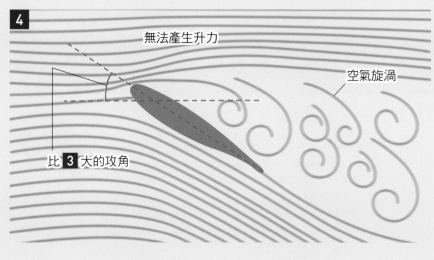

4 無法產生升力

空氣旋渦

比 **3** 大的攻角

攻角過大時，上翼面順暢的氣流將被「剝離」而產生逆流區。結果無法獲得升力而造成失速。

飛機的「天敵」
竟然不是打雷!?
較之雷擊,鳥的危害更為嚴重

最後,本章將介紹飛機所無法避免的雷擊和鳥擊的問題。

飛機遭落雷擊中並不是什麼稀罕的事情。起降穿過雲層之時,或是在雷雨雲附近飛行,都有可能遭到雷擊。不過若有人問飛機被雷擊中會不會有事,答案是幾乎不受影響。因為雷所帶的電流會通過機身的表層往外放掉,機內的乘客並不會觸電。

起降時處於高度較低的位置,飛機

天線會接收雲層所反射的電波

安裝於機體前端的「氣象雷達」(weather radar)

飛機在飛航途中會使用氣象雷達,經由電波反射來判別行進方向上是否有雷雨雲。若是發現航線上有雷雨雲,會事先改變方向以避開雷雨雲。目前,專家正在改良此氣象雷達,開發新裝置以掌握無法目測的亂流(晴空亂流,clear-air turbulence)。

安裝於主翼的靜電放射器

飛機機體上安裝有可釋放靜電的「靜電放射器」(放電索)。這個裝置具有放掉雷電的功能,即使飛機遭雷擊中,機內也不會受到太大的危害。大型飛機上大約會安裝50支放電索。

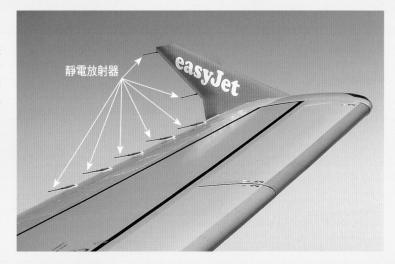

靜電放射器

easyJet

遭遇鳥類衝撞駕駛艙或引擎的情況，稱為「鳥擊」（bird strike）。由於飛機以超過300公里的速度飛行，撞上的飛鳥即使體積再小，機體仍會受到相當大的衝擊。為了防止鳥擊，機場一旦發現鳥的蹤跡，便會用空砲彈或鞭炮的聲音威嚇，使鳥不敢靠近。然而到目前為止，仍尚未找到徹底解決的方法。

遭鳥擊破壞的機體前端部分

若引擎或皮托管（詳見第17頁）因鳥擊而故障，飛機必須返回起飛的機場。最糟糕的情況會導致引擎輸出功率降低，增加墜機的風險。

光是日本，每年所發生的鳥擊事件便超過1000件，經濟損失的規模約達數億日圓之譜。

Coffee Break

一起來做
紙滑翔機！

只需準備 1 張紙和剪刀、迴紋針，就能輕鬆製作簡單又能飛的滑翔機。

製作並試飛之後，一定能切身體驗到，就飛機本身來看，重心的位置以及令飛行穩定的機翼是多麼重要。請大家務必挑戰嘗試看看！

準備要試飛製作完成的紙滑翔機時，用手指抓住機尾（未夾迴紋針的一側），朝水平方向往前輕輕推送後放開。若平順滑出，試飛就算成功。也就表示迴紋針的夾法，亦即重心位置正確。若有往左右方向轉彎飛去的狀況，可能是摺法未考量到左右平衡所致，可試著調整機翼後緣或兩端的摺法。

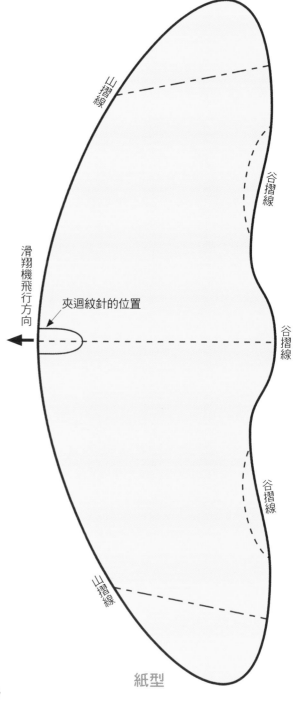

山摺線

谷摺線

谷摺線

谷摺線

滑翔機飛行方向

夾迴紋針的位置

紙型

註：滑翔機的設計，參考《ものづくりハンドブック４》
（工藝手冊 4，假說社）第 8 頁的《紙のグライダー》
（紙滑翔機）。

製作步驟

1. 影印紙型後剪下
先影印左頁，然後將紙型剪下。可以使用一般影印用紙，但有一定厚度跟硬度的紙張較易製作，試飛效果也比較好。可以按影印的紙型描在圖畫紙上，剪出同樣的形狀。

2. 沿著虛線彎摺
將剪下來的紙滑翔機依照紙型彎摺。摺痕的角度約在120度～140度之間即可（參考下圖）。機翼後緣彎曲的虛線部分要做谷摺往上翹起。

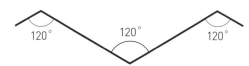

3. 夾上迴紋針即可完成！
在紙滑翔機的前頭夾上半根迴紋針，另半根需於該處突出，這樣就算大功告成了。迴紋針的不同夾法，可使滑翔機的重心位置前後挪移。實際試飛後再調整迴紋針的夾法。

完成圖

令滑翔機穩定飛行的機制

取得前後平衡
藉機翼後緣翹起，抑制頭部（機頭）上下沉浮的作動（俯仰），以保持前後平衡。和飛機的「水平尾翼」有相同作用。

防止左右傾斜
機翼（主翼）朝兩端上揚，能抑制整個機體左右傾斜的作動（滾轉）。還能防止機體盤旋，提高直進性能。

防止左右偏航
機翼兩端往下摺，能抑制頭部（機頭）左右轉彎的作動（偏航），提高直進性能。和飛機的「垂直尾翼」有相同作用。

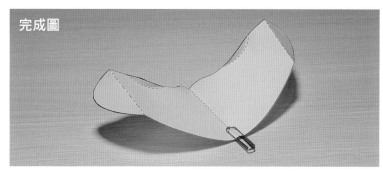

提高上下方向的穩定性
夾上迴紋針（鉛錘作用），使重心位置在前（機頭加重），防止機頭上揚而失速，藉以提高上下方向的穩定性。

滾轉

俯仰

偏航

主翼
控制整架機體往左右傾斜（滾轉）。

垂直尾翼
控制機頭往左右偏移的作動（偏航）。

水平尾翼
控制機頭上下作動（俯仰）。

本書內容就介紹到此。
　　一開始，我們介紹萊特兄弟
完成人類的首次載人飛行。其次，以
史上最大客機「A380」作為實例，
一起觀察飛機從起飛、落地到維修
的整個流程。接著則介紹了最新戰
機「F-35B」及開發中的「太陽能飛
機」等新世代飛機。
　　讀完本書，得知飛行相關的各種驚

人機制，對於飛機為什麼能在空中飛
行，應該會有所了解。
　　想必已經有人開始期待下一趟的飛
行了，以後搭飛機時別忘了觀察飛機
的外觀喔！想要了解更加詳細的內容
可以參考人人伽利略17《飛航科技大
解密》。

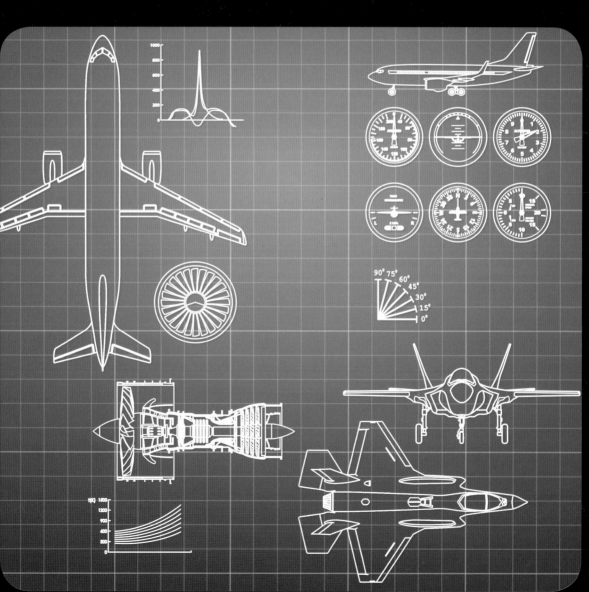

少年伽利略 科學叢書 14

腦的運作機制
腦如何使我們記憶、思考？

　　為什麼我們可以學習知識，並把它記憶下來呢？不僅是記憶，平常的思考、判斷事情也有賴大腦複雜結構跟機制。

　　本書以淺顯易懂的方式，帶領讀者了解記憶與學習的關係，以及腦內是如何處理這些大量的情報。天才的腦有什麼祕密嗎？學者症候群為什麼有過目不忘的驚人記憶力？許多關於腦的迷思你聽過哪些呢？一探腦內的神奇世界！

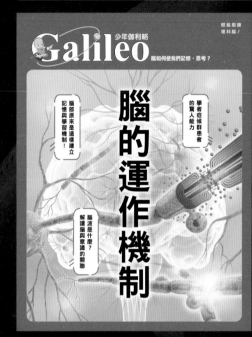
少年伽利略 科學叢書 15

物理力學篇
60分鐘學基礎力學

　　力學聽起來很深奧，但簡單來說，在平常生活中走路、用筷子挾菜、雨滴落下、使用開罐器，都與「力」有關，力學可說是物理學的重要基礎之一。

　　了解力學的基礎知識後，就能用嶄新的眼光去觀察周遭的世界，增加對物理的興趣。

　　少年伽利略一貫淺顯易懂的解說，再搭配日常範例，適合國中生探索學習，也適合高中生複習課堂內容。

【 少年伽利略 23 】

飛行奧妙初探
解析飛機展翅翱翔的奧祕！

作者／日本Newton Press
執行副總編輯／陳育仁
翻譯／林園芝
編輯／林庭安
發行人／周元白
出版者／人人出版股份有限公司
地址／231028 新北市新店區寶橋路235巷6弄6號7樓
電話／（02）2918-3366（代表號）
傳真／（02）2914-0000
網址／www.jjp.com.tw
郵政劃撥帳號／16402311 人人出版股份有限公司
製版印刷／長城製版印刷股份有限公司
電話／（02）2918-3366（代表號）
經銷商／聯合發行股份有限公司
電話／（02）2917-8022
香港經銷商／一代匯集
電話／（852）2783-8102
第一版第一刷／2022年4月
定價／新台幣250元
　　　港幣83元

國家圖書館出版品預行編目（CIP）資料

飛行奧妙初探：解析飛機展翅翱翔的奧祕！
日本Newton Press作；
林園芝翻譯. -- 第一版. -- 新北市：
人人出版股份有限公司, 2022.04
面：公分. —（少年伽利略；23）
ISBN 978-986-461-283-3（平裝）
1.CST：飛機 2.CST：航空工程

447.73　　　　　　　　　　111003173

Staff

Editorial Management　　木村直之
Design Format　　米倉英弘＋川口 匠（細山田デザイン事務所）
Editorial Staff　　上月隆志，加藤 希

Photograph

20～21	AIRBUS GROUP 2016 - photo by A.DOUMENJOU/ master films	64～65	倉谷尚志
		66～67	NASA
38～39	Rolls-Royce plc	74	Jerome Dawson, Arpingstone.
42～45	Airbus	75	Paco Rodriguez
45	Boeing	77	Newton Press
50	Newton Press		

Illustration

Cover Design	宮川愛理	46～59	Newton Press
2～19	Newton Press	62～63	Newton Press
22～27	Newton Press	68～69	髙島達明
28～29	吉原成行	70～73	Newton Press
30～37	Newton Press	76～77	Newton Press
40～41	Newton Press		